# 文系のための
# Python
（パイソン）
# データ分析

―― 最短で基本をマスター

友原章典

有斐閣

# まえがき

　本書はPythonによるデータ分析の書籍を読むための入門書です。話題のPythonを使ってデータを分析してみたい。ただ，プログラミング経験がまったくないので不安だ，もしくはPythonの入門書を読み始めたけど挫折したという読者が対象です。

　本書はこれまでのPython関連書籍を補完します。文系の読者が挫折しやすいのは，理系向けの書籍は統計学・数学の説明が中心だからです。一方で，Pythonの使い方を簡単に解説した書籍が物足りないのは，どんな場面に応用できるかを踏み込んで示していないからです。

　そこで，本書では細かいことから積み上げず，こんなことができるという事例を概観して，イメージを持つことを重視します。このため，説明は短く，数式や専門用語はほぼなし，各章ごとのテーマを体験しながら学ぶことが特徴になっています。

　途中で挫折しない工夫もしています。各章は独立しており，経営学，経済学，社会学に関連した事例を取り上げ，興味のある章から読めるように配慮しています。

　Pythonや統計学・数学を1からすべて学ぶのは大変です。興味のあるトピックスに関連する部分から学べばよいのです。その際，Pythonの使い方だけではなく，分析手法の応用の仕方を学びましょう。

　また，Pythonの関連書籍で初学者がわからなくなりやすい部分や警告・エラーが出る場合にどうしたらよいかや，さらにちょっと深く理解したい場合の補足などを「よくある質問」「たまにある質問」というコラム形式で回答しています。

　いろいろ詰め込むのではなく，本文は骨子にとどめ，補足を「質問」にしたわけです。これは理解を助ける工夫です。コンパクトにすることで読みやすくしただけでなく，質問形式だと頭に入りやすいというメリ

i

ットがあります。とにかく手っ取り早くという要望に応え，できるだけそぎ落として読みやすくしたのが特徴です。

■**個人で使用される方へ**

とりあえず，本書の内容を写経のようにとにかく打ち込んで慣れることから始めましょう。はじめのうちはエラーが多く，思いのほか時間がかかるかもしれません。ただ，続けるのが大事です。だんだんと慣れてきます。

■**講義で使用される方へ**

1章1回分，半期を目安にされるとよいでしょう。本当に右も左もわからない人向けの内容なので，社会科学にとどまらず，広くいろいろな分野の初心者向けの講義（高校生の授業を含む）にも適していると思っています。

本書が，将来，次のステップの勉強に進むための役に立てれば幸いです。その意味で，Pythonによるデータ分析の書籍を読むための入門書としています。このため，厳密な説明や用語というよりは，わかりやすさを優先したところがあることをご理解いただけると幸いです。

最後になりましたが，本書のタイトルを含めいろいろご提案いただいたり，新しいバージョンのコードに修正していただいたりした有斐閣の渡部一樹さん・渡辺晃さんに感謝申し上げます。本書がわかりやすい内容になっているとすれば丁寧なコメントをくださったおふたりのおかげです。

2024年9月

友 原 章 典

## 動作環境

本書で示されるプログラムは，次の環境で動作確認しています（2024年7月時点）。

OS：Windows 11 Home バージョン 22H2
Python：Python 3.11.8
Jupyter-notebook：7.0.6
Web ブラウザ：Google Chrome

| | |
|---|---|
| beautifulsoup4 ……… 4.12.2 | pandas ……… 2.1.4 |
| ipykernel ……… 6.28.0 | pip ……… 23.3.1 |
| ipython ……… 8.20.0 | PuLP ……… 2.7.0 |
| matplotlib ……… 3.8.0 | scikit-learn ……… 1.3.0 |
| mecab-python3 ……… 1.0.8 | seaborn ……… 0.12.2 |
| networkx ……… 3.1 | wasabi ……… 0.10.1 |
| numpy ……… 1.24.3 | watchdog ……… 2.1.6 |
| openpyxl ……… 3.0.10 | wordcloud ……… 1.9.3 |

### 注意事項

さまざまな要因が影響しうるため，上記の条件を再現しても本書で示されるプログラムの実行結果がすべての環境で再現されるとは限りません。本書の内容は2024年3月の原稿執筆時点のものであり，本書に掲載したソフトウェアのバージョンやURL，プログラムの出力結果，操作方法・手順などは変更される可能性があります。

プログラムファイルの作成にあたっては，内容に誤りのないようできる限り注意を払いましたが，結果生じたこと（損害等）には，著者，出版社とも責任を負うことはできません。

本書に記載されている会社名，製品名ならびにサービス名等は，各社の商標および登録商標です。

＊……Pythonの文法やデータ分析について，やや発展的な話題を扱っていることを意味します。はじめは読み飛ばしてもかまいません。

# 第1章 学ぶための準備をしよう
本書の特徴と Python のインストール

## 1 どうしてデータ分析が必要なのか？ 2
## 2 プログラミングの知識は必要か？ 3
## 3 Python を学ぶメリット 4
## 4 本書の概要と各章のモチベーション 5
  *1* 数値データの分析 7
  *2* 数理モデルによるシミュレーション 9
  *3* テキストデータの分析 10
## 5 必要なものをインストールしよう──Jupyter Notebook 10
  *1* Anaconda のインストール 11
  *2* Jupyter Notebook の手始め 11
  *3* ライブラリをダウンロードする 13

# 第2章 データの基礎的な扱いに慣れよう
数値データと文字データ

## 1 数値データ 16
  *1* データフレーム 16
  *2* データの行数（個数）の確認 19
  *3* 要素の抽出 20
  *4* 要素の削除 21
  *5* データフレーム同士の連結 23
  *6* 欠損値 24
  *7* 条件を満たす要素の抽出 25
  *8* ループ（繰り返し） 27
## 2 文字データ 28
  *1* データの種類 28

*2* 分割　29
　　　*3* 結合　29
　　　*4* 出力する文字に改行を含める　30
**3** データの取り込み　31

# 第**3**章　特徴を踏まえて適切な計画を立てよう……………………………35
　　　　平均とヒストグラム

**1** 平　均　36
　　　*1* データの入力と住民数の表示　36
　　　*2* 平均の計算　37
**2** ヒストグラムで分布を把握する　38
　　　*1* ヒストグラムの描き方　39
　　　*2* データの抽出*　42
**3** 分布の特徴を表す指標　44
　　　*1* 極端な値の影響　44
　　　*2* 老年人口指数——高齢化を議論するための指標*　46
　　　*3* 中央値　47
　　　*4* 最頻値　48
　　　*5* 標準偏差　49

# 第**4**章　データの散らばり方を調べてみよう……………………………51
　　　　相関係数

**1** 相関係数　52
**2** 散布図　53
　　　*1* データの取り込み　53
　　　*2* 関係性を散布図にする　54
**3** 相関の数値化　57
　　　*1* 相関係数を求める　57
　　　*2* 各組み合わせの相関係数を一括で出力する　60
　　　*3* 相関係数を視覚的に表す——ヒートマップ　61
**4** 相関関係と因果関係*　63
　　　*1* 相関関係と因果関係の違い①　63
　　　*2* 相関関係と因果関係の違い②　64

目　次　v

*3* 相関関係と因果関係の違い③　65

# 第5章 データ同士の関係性を調べてみよう　　69
### 回帰分析

## 1 回帰分析　70
## 2 傾向線　71
*1* 広告費と売上高の傾向線　71
*2* 距離と売上高の傾向線　72
*3* 広告費と距離の傾向線　72
## 3 単回帰　74
*1* 広告費と売上高の回帰式　74
*2* 距離と売上高の回帰式　76
## 4 重回帰　77
*1* 広告費・距離・売上高の3次元のグラフ　77
*2* 広告費・距離と売上高の関係式　78

# 第6章 データを特徴に応じて分類しよう　　81
### 機械学習によるクラスタリング

## 1 クラスタリング　82
## 2 2グループに分ける　83
*1* データの取り込み　83
*2* グループ分け　84
*3* KMeans()では何をしているのか*　85
*4* グループの平均値　88
*5* 図の描き方　88
## 3 3グループに分ける　92
*1* グループ分け　92
*2* グループの平均値　93
*3* 図の描き方　93
*4* グループ分けの結果　94
## 4 4グループに分ける　97
*1* グループ分け　97
*2* グループの平均値　98

*3* 図の描き方　99
*4* グループ分けの結果　100

# 第7章　データの規則性を探って将来を予測しよう① …………105
## 決定木（ディシジョン・ツリー）

## 1 決定木　106
## 2 決定木による分類の準備　107
*1* データの取り込み　107
*2* データの確認と図の表示　108
*3* データの整理　110
*4* 学習用データと評価用データの確認　112

## 3 決定木による分類と予測・評価　113
*1* 学習用データによる分類　113
*2* モデルの予測・評価　114
*3* 決定木のイメージ*　115
*4* 分類のやり直しと決定木の図*　117

## 4 決定木とクラスタリング*　122
*1* 決定木の活用例　122
*2* クラスタリングの活用例　124
*3* いずれを使うかは目的次第　125

# 第8章　データの規則性を探って将来を予測しよう② …………129
## ランダム・フォレスト（分類編）

## 1 ランダム・フォレスト　130
## 2 ランダム・フォレストの準備　131
*1* データの取り込み　131
*2* 行数と列数の表示　133
*3* 欠損値の確認　133

## 3 ランダム・フォレストによる分類と予測　134
*1* 学習用データによる分類　134
*2* 学習用データによる分類の評価（評価用データ）　135
*3* 学習用データによる分類の評価（学習用データ）　135

## 4 特徴量と予測の精度　136

- *1* 予測の確認　136
- *2* 特徴量の重要性　138
- *3* 手順のイメージ*　138

## 第9章　データの規則性を探って将来を予測しよう③ ……………145
ランダム・フォレスト（回帰編）

### 1 ランダム・フォレストによる回帰分析の準備　147
- *1* データの取り込み　147
- *2* 学習用データによる分析　148
- *3* 分析結果の評価の準備　149
- *4* 決定係数*　149
- *5* 分析結果の評価　150

### 2 ランダム・フォレストによる回帰分析　152
- *1* 犯罪件数と予測した犯罪件数の図　152
- *2* 45度線の追加　153
- *3* 特徴量の寄与　154

### 3 データの再現*　156
- *1* 乱数のシード　156
- *2* 疑似乱数　158

## 第10章　施策の効果を調べよう ……………161
傾向スコア・マッチング

### 1 傾向スコア・マッチング　162

### 2 傾向スコアの導出　164
- *1* データの取り込み　164
- *2* データの確認　165
- *3* 傾向スコアの導出　166
- *4* 重なり具合のチェック　168

### 3 傾向スコア・マッチングによる分析　169
- *1* グループ分け　170
- *2* グループごとの平均の比較　171
- *3* グループごとの平均の差　172
- *4* 図の出力　173
- *5* 傾向スコア・マッチングとランダム化比較試験*　176

## 第11章　地点間の最短経路を調べよう ……………………179
ダイクストラ法

### 1　ダイクストラ法　181
### 2　ダイクストラ法のアルゴリズムのイメージ*　183
### 3　ダイクストラ法の図の導出*　187

## 第12章　変化をシミュレーションしてみよう ……………………191
SIRモデル

### 1　SIRモデル――口コミの分析　193
*1*　分析の準備　193
*2*　分析結果の図示　194
### 2　数値によるSIRモデルの確認　196

## 第13章　限られた条件下での最適解を求めよう ……………………203
線形計画法

### 1　線形計画法　204
### 2　線形計画法の実践　205
*1*　計算のための準備　205
*2*　式の入力　206
### 3　線形計画法の数理モデル*　207
*1*　数理モデルと図　207
*2*　図で確かめる①　209
*3*　図で確かめる②　210
### 4　線形計画法の適用*　212

## 第14章　文章の特徴を明らかにしよう ……………………215
形態素解析

### 1　文章の分析　216
### 2　形態素解析　217
*1*　データの取り込み　217
*2*　分析の準備　217
*3*　リストの作成　218

    **4** 分析結果の確認①  220
    **5** 分析結果の確認②  220

 **3** 配列と文字列*  224

読書案内  227
索　引  229

## ウェブサポート

本書で使用するデータや練習問題の解答例など，各種サポート情報を下記のページから提供していきます。ぜひご利用ください。

```
https://www.yuhikaku.co.jp/books/detail/9784641166363
```

# 第1章

## 学ぶための準備をしよう
### 本書の特徴と Python のインストール

# 1 どうしてデータ分析が必要なのか？

さまざまな場面でエビデンス（客観的な証拠）に基づいた議論が提唱されるようになり，データの重要性が認識されるようになりました。しかし，データの分析（＝データの使い方）についてはまだまだ不十分な印象を受けます。よく見かけるのが，単純にデータを集計して比較するだけで結論を導くといった具合です。

たとえば，商品 A のリピーターにはどんな特徴があるのかを調べるとしましょう。そこで，リピーターと非リピーターの 2 グループに分け，それぞれのグループの特徴を比較します。すると，両者に顕著な違いがあり，その特徴は表 1-1 の通りになりました。

2 つのグループを比較すると，ネット閲覧が 10 時間以上である 20 代のアロマ好き男性がリピーターのように思えますが，そのように結論づけてよいのでしょうか。

実はこれらはリピーターの特徴を示す候補にすぎず，結果に影響を与える要因はどれかをきちんと分析して特定しないといけません。きちんとデータ分析（例：決定木；第 7 章参照）をすると，男性であり，20 代で，ネットの閲覧が 10 時間以上だとリピーターの傾向で，アロマ好きとは無関係かもしれません。こうした事態を避けるためには，きちんとしたデータ分析の手法を学ぶことが必要です。

**表 1-1 リピーターと非リピーターの特徴（例）**

| リピーター | 男性 | 20 代 | 平均ネット閲覧 | アロマが好き |
|---|---|---|---|---|
| | 67% | 52% | 10 時間以上 | 37% |

| 非リピーター | 男性 | 20 代 | 平均ネット閲覧 | アロマが好き |
|---|---|---|---|---|
| | 21% | 12% | 10 時間未満 | 7% |

## 2 プログラミングの知識は必要か？

便利なものは自然と普及します。データ分析に使うパソコンはその筆頭です。数十年前には新入社員がワープロ入力の練習をしたものでしたが，今やスマホを使う幼少期から文字入力は当たり前（ワープロは死語）です。同様に，表計算には Microsoft Excel を使いますし，そろばんや電卓を使って計算する人を見かけることは少なくなりました。

昔は一部の人しか使えなかったスキルを誰もが普通に使うようになるのはよくあることです。業務の効率化に役立つプログラミングもそうしたスキルになりつつあります。

たとえば，IT 系の企業に就職する文系学生が増えました。内定後には入社前からプログラミングの勉強を始めるようにいわれることもあるようです。こうした動きは IT 系にとどまらず，コンサルタントやそれ以外の企業にも広がりつつあります。

確かにプログラミングはまだ必修のスキルではありません。ただ，入社後に自分でプログラミングしなくても，「機械学習」（第 6 章参照）などについて大まかな知識があるだけで仕事が運びやすくなることもあります。営業の際に，クライアントの漠然とした要望を汲み上げて，それを自社のプログラマーに伝えて相談し，新規のプロジェクトにつなげるといった具合です。

プログラミングは遅かれ早かれ普及するスキルでしょうから，早くから学習しても損はありません。AI（人工知能）があるからプログラミングの知識はいらないという意見もありますが，すべてを AI に任せられるのはまだまだ先の話のようです。

# 3 Pythonを学ぶメリット

　数あるプログラム言語のなかで，Python（パイソン）のメリットはいくつもあります。なかでも学習の観点からは，簡単でわかりやすく，初心者に使いやすいことです。過去に別のプログラム言語を学習して挫折した人ならその使いやすさを実感するでしょう。また，実用的なライブラリ（世界中の人が作ったコードの集まり）が充実しており，それらを利用すればゼロからコードを書かなくてもよいことも魅力です。さらに，人気のある言語であるため利用者が多く（図1-1），関連のウェブサイトが充実しています。このため，困ったときに検索エンジンで問題解決することが多いです。

　実務の観点からも，需要が多く，将来性が買われています。汎用性が高く，機械学習やAI，ウェブアプリケーションからゲームまでいろいろなものに使われるからです。YouTubeやInstagramなどもPythonで開発されたそうです。現在注目を集める機械学習やAI分野ではますますの活用が見込まれる将来性のある言語だとされています。充実したライブラリがその後押しをしています（数値計算ならNumPy〔ナンパイ〕，データ解析の支援ならPandas〔パンダス〕，機械学習ならScikit-learn〔サイキット・ラーン〕などが代表的です〔いずれも本書で扱います〕）。

　もちろん大規模なアプリ開発のような複雑なシステムへの採用には気をつけるべきところもあり，Pythonにも否定的な意見がないわけではありません。ただ，データ分析やちょっとした自動化に便利な言語であることに変わりはありません。

　なお，StataやSPSSなどの有名な統計解析ソフトは有料なので，Pythonを使うにあたり費用を心配される方がいるかもしれませんが，インストールするAnaconda（アナコンダ）は無料でダウンロードできます。

**図1-1 利用しているプログラミング言語**

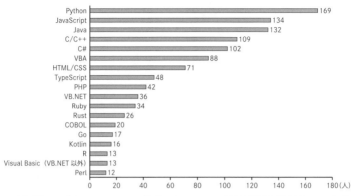

（出所）　日経クロステック「プログラミング言語利用実態調査2022」より作成。

　Anacondaは，「データサイエンス向けの環境を提供するプラットフォーム」（Python Japanサイトより）で，Microsoft EdgeやGoogle Chromeなどのウェブブラウザ上でPythonを使えるJupyter Notebook（ジュピター・ノートブック），数値計算のためのNumPy，機械学習のためのScikit-learn，データ解析支援のためのPandas，グラフ描画のためのMatplotlib（マットプロットリブ）などを一度にインストールできます。

 ## 本書の概要と各章のモチベーション

　本節は各手法のエッセンスや似た手法の比較を簡単に説明します。最初は抽象的な説明にピンとこない読者もいるでしょう。ただ，百聞は一見に如かず。まずは，各章の扉に掲げている具体例を見てください。すると，それぞれの手法のイメージがわくでしょう。そして，ある程度学習した後，本章に戻ってきましょう。その意義が明らかになっているは

**表1-2 本書の概要(番号は取り上げる章を表す)**

| 数値データ ||||||| テキスト(文字)データ |
|---|---|---|---|---|---|---|---|
| 非シミュレーション ||||| シミュレーション || 非シミュレーション |
| 因果推論 | 関係性 | 要因分析・結果予測 || 要約 | 目的達成の方法探索 | 結果予測 | 文章の特徴要約 |
| | | 連続変数 | 分類・セグメンテーション(離散変数) | | | | |
| **10** マッチング | **4** 相関係数 | **5** 回帰分析 ↓ (過学習を回避し,予測精度の向上) ↓ **9** ランダム・フォレスト(回帰編) | **7** 決定木 **8** ランダム・フォレスト(分類編) | **6** クラスタリング | **11** ダイクストラ法 | **13** 線形計画法 | **12** SIRモデル |
| | | 教師あり ||| 教師なし ||| **14** 形態素解析(ワードクラウド) |

ずです。というのも,少し理解が進むと,各手法の違いや活用法などが気になりはじめるからです。そうしたときに使いやすいように,大事な点をまとめておきました。学習の進度に合わせて繰り返しご活用ください。

本書は,<u>数値のデータ</u>(第3~13章)と<u>テキスト</u>(文字)データ(第14章)の分析に大別できます。

数値のデータのうち,第3~9章はいくつものデータ(例:100人の購買傾向)を分析するのに対し,第10~13章は数理モデルに基づいて結果を予測したり,目的を達成するような方法(=最適化)を提案したり

します．

では，章ごとの流れに沿いながら，各章のモチベーションを説明しましょう．

## *1* 数値データの分析

- 第3章 平均，中央値や最頻値——データの特徴を<u>1つの数値</u>（代表値）で端的に示します．たとえば，1000人のデータがあっても一見して意味がわからないでしょうが，その特徴を1つの数値で表現すると，データの理解を助けます．平均や中央値など分類（セグメンテーション）の章でも使う概念を復習するだけなく，あわせていろいろな章で使うヒストグラムなどの図の描き方を学びましょう．
- 第4章 相関係数——2つのデータ（変数）の関係性を示します．ある変数（例：移民）が増加したら，もう1つの変数（例：犯罪）がどのように変化するかという関係です．第3章がデータをひと固まりで（＝全体的に）捉えたのに対し，第4章ではデータを構成する変数（＝データの部分的な）の関係性を考察します．どちらかの変数が原因で，もう1つの変数が結果という関係性ではなく，2つのデータの関係性は<u>双方向</u>です．
- 第5章 回帰分析——いろいろな要素（例：距離や天候など）が結果（例：売上）に与える影響を調べて，①<u>結果の要因</u>を明らかにしたり，②<u>結果を予測</u>しようとしたりします．要素から結果への<u>一方向の関係性</u>を考察する点で相関係数とは違います．また，要素には複数の変数を考慮できる点も2変数の関係性である相関係数とは異なります．
- 第6章 クラスタリング——似たような性質のデータをまとめて分類（＝グループ化）するクラスタリングは，<u>大量のデータの特徴を要約</u>して，グループごとにデータの特徴を解釈しやすくします．
- 第7章 決定木——いろいろな<u>要素と結果の関係性</u>を考える点は回

帰分析と同じですが，回帰分析の予測結果は数値（連続変数）であるのに対し，決定木の予測結果はグループ（離散変数）である点が違います。平たくいえば，決定木では，グループ分け（分類）をするのが特徴です。

　ちなみに，連続変数とは，間に無限に値がある数値（例：身長；170.23…cm のように 170 と 171 の間には無限に値がある）であり，離散変数とは間に値がない数値（例：箱の個数は 1 個，2 個；1 と 2 の間に 1.23 個はない）です。

- 第 8・9 章　ランダム・フォレスト——単独の決定木や回帰分析がおちいる可能性のある過学習の問題を克服し，予測精度の向上を目指します。現在あるデータだけに通用する関係性（＝過学習）ではなく，将来のデータをうまく予測できるような工夫です。

　結果の要因を探索する意味では学術研究色が強いのに対し，予測精度の向上という意味では実務色が濃いといえます。

　学術研究は「論理的に間違える」（＝もっともらしい要因と結果の関係を示すが，予測精度が低い）と揶揄されることがあり，実務色の濃いアプローチはそのアンチテーゼともいえるでしょう。一方で，予測精度を追究したアプローチでは，関係性はよくわからないがうまく予測できることがあります。いずれが正しいというより，①結果の要因もしくは②結果の予測のいずれに力点を置くかの違いといえるでしょう。

　本書では，学術研究と実務で使用される考え方の両方にバランスよく配慮し，学術研究でよく使われるアプローチから実務よりのアプローチへという流れで章立てを構成し，両者の特性を際立たせようとしています。

　セグメンテーション（分類）の代表例とされる決定木とクラスタリングですが，違いもあります。クラスタリングでは，どのように分類するか最初からはわかっていません。あくまで似たようなデー

タをグループに分けます。

一方，決定木では，最初から分類（たとえば，○○を購入した人とそうでない人のようにグループ）がわかっており，その分類のための基準（もしくは条件）を探します（たとえば，「□歳以上の女性」）。

機械学習では，クラスタリングは教師なし学習，決定木は教師あり学習に分類されます。前者は最初から分類がわかっていないので教師なし，後者は最初から分類（＝正解）がわかっているので教師ありとなります。

- 第10章　マッチング——傾向スコア・マッチングは，処置の効果を推定する（因果推論）のに使われます。処置群と対照群に分けて，両者の間で属性の似たものを対応させて比較することにより，処置の効果を推定します。対応（＝マッチング）に使われるのが傾向スコアです。相関係数の議論とは異なり，<u>原因（＝処置）と結果（＝効果）</u>という関係性を考察します。

## 2　数理モデルによるシミュレーション

数理モデルに基づいて，模擬的に計算して結果を推測したり，繰り返し計算したりして最適解を導く手法を，本書ではシミュレーションと分類しています。

- 第11章　ダイクストラ法——出発地から目的地までの<u>最短経路</u>を解く手法です。最短経路問題はカーナビや電車の乗換案内など実務的応用範囲が広いです。最短経路の検索は，第13章の線形計画法でも解くことができます（最小費用流問題）が，ダイクストラ法は最短経路を導く理論的に最も効率的なアルゴリズムだとされています。
- 第12章　SIRモデル——<u>伝染病の流行</u>や予防を扱う疫学の古典的なモデルです。近年でも新型コロナウィルス感染症の拡大に伴い脚光を浴びました。口コミで製品・サービスが広がっていく様子や新しい慣習や意識（例：在宅勤務や多様性の尊重）が浸透する様子など，

社会科学への応用が考えられます。

- 第13章　線形計画法——いろいろな条件のもとでの最適解を示します。本書では，制約条件つき最適化（最大化もしくは最小化）問題を解く手法と言い換えてもよいでしょう。

　線形計画法を製品の生産計画や輸送計画に使用している企業もあります。製造・販売する品目が多岐にわたる場合，どの工場でどの製品をいつ頃生産し（生産費用），そのうち在庫としてどのくらい保有して（在庫費用），どの営業所に輸送するか（輸送費用）といった計画です。生産費用，在庫費用，輸送費用の総和が最小になるような計画を策定するわけです。

### 3　テキストデータの分析

- 第14章　形態素解析——文章を意味のある最小の単位である単語に区切って，それぞれの単語の品詞を特定する分析です。身近なところでは，メールフィルターや検索エンジンなどで使われています。「ワードクラウド」のように単語の使用頻度から世間の関心事項を可視化することも一例です。ネットの情報からトレンドを把握してマーケティングに役立てたり，世論の動向を把握して政策形成・選挙対策の参考にしたりもできます。いろいろな意見や感想が述べられるカスタマーレビューや口コミを分析して商品やサービスの改善にも活用できます。記述式のアンケート全般の解析に使える実用的な分析です。

## 必要なものをインストールしよう——Jupyter Notebook

　本書ではPythonを実行するのにJupyter Notebookを使うのですが，その場合Anacondaをインストールすると簡単です。Anacondaには

Jupyter Notebook を含めいろいろなものが含まれており，無料でダウンロードできます。

ちなみに，Python は単独で利用できますが，複数のライブラリや実行環境と組み合わせることで真価を発揮します。しかし，そうした複数のソフトをゼロから整備するのは手間がかかります。そこで，関連ソフトをまとめて提供するディストリビューションという仕組みがあり，Anaconda はその代表です。

## 1 Anaconda のインストール

手順は，以下の通りです（詳しいイントール方法は本書のウェブサポートを参考にしてダウンロードしてください）。

まず，次のサイトにアクセスして，Anaconda をインストールしましょう。

```
https://www.anaconda.com/download/
```

たまにある質問

Anaconda をダウンロードしないで学習する方法はありますか？

Google の Colaboratory だとウェブ上で Python が使えます。ただし，Google のアカウントが必要です。

複数のディストリビューションが併存すると問題を起こすことがありますが，ブラウザ上で実行できる Colaboratory はそうした心配がなく，手軽なのが魅力です。

## 2 Jupyter Notebook の手始め

①Jupyter Notebook を立ち上げる ── Anaconda がインストールできたら，Windows であれば画面左下の「スタート」ボタンを押して，Anaconda3 のフォルダのなかにある，Jupyter Notebook をク

**図 1-2** Jupyter Notebook

リックします。そうすると，ウェブブラウザが立ち上がり，Jupyter Notebook を利用することができます。

②Jupyter Notebook のなかにフォルダを作る——画面右上の New ボタンをクリックして，New Folder をクリックすると，Untitled Folder ができます。Untitled Folder という名前を消して，新しいフォルダ名，ここでは Python Practice（好きな名前で OK）と入力し，Rename をクリックします。

③フォルダのなかに Python のファイルを作成する——Python Practice をクリックすると，中身はまだ空なので，New をクリックして出てくるメニューから Notebook を選び，Python3(ipykernel) を選択すると，新しいノートブックが開きます（図1-2）。

④ノートブックに指示を入力する——ノートブックのなかの入力箇所（セルといいます。詳しくは第2章以降で解説します）に，print("Hello, World!") と入力して，Run をクリックすると，下に Hello, World! と出力されます。

```
print("Hello, World!")
```
コード 1-1

**出力結果**

```
Hello, World!
```

（注）Hello, World! は習い始めの儀式的文章だそうで，慣例に従いました。

⑤ファイル名をつけて保存し，終了する——左上の Untitled をクリックすると，名前を変えられます。ここでは test（好きな名前で OK）として，Rename をクリックします。終了するには，File→Save Notebook をクリックして，タブを閉じます。最後に，ホーム画面から File→Shut Down をクリックします。これで無事終了です。ブラウザを閉じます。

⑥保存したファイルから作業を再開する——後日再び作業を続けるときには，スタート→Anaconda3→Jupyter Notebook→Python Practice をクリックして，test.ipynb をクリックすると，以前の入力から続けられます。

## *3* ライブラリをダウンロードする

Python は単体でも動作しますが，必要に応じてさまざまなライブラリを読み込むことでさらに色々なことができるようになります。

ライブラリは事前にパソコンにインストールしておき，分析の際にインポート（読み込み）します。最初に，これからよく使うライブラリをインストールしておきましょう。それぞれがどのようなときに用いるのかは，各章で取り上げるときに説明します。

ライブラリのダウンロードについて検索すると，pip ○○といったコマンドを目にすると思います。そのようなコマンドを入力してライブラリを追加することもできますが，より親しみやすい，マウスでクリックしながら追加する方法をここでは紹介します。

Anaconda をインストールすると，関連する色々なアプリケーションやライブラリを管理するための Anaconda Navigator も一緒にインストールされます（ウェブサービスでよく目にする「ダッシュボード」のようなものです）。この Anaconda Navigator を起動して，サイドパネルの Environments をクリックするとライブラリを検索・追加できます（図1-3）。

画面右上に Search Packages と表示された検索窓があるので，そこ

### 図 1-3　Anaconda Navigator

から下記のライブラリ名で検索してチェックマークを入れ，Apply をクリックしましょう（あるライブラリを追加すると連動してほかのライブラリが追加されることもありますが，仕様ですので安心してください）。

- pandas
- numpy
- matplotlib
- seaborn
- scikit-learn
- scipy

なお，左列のチェックボックスにすでにチェックマークが入っていれば追加済みですので操作不要です。

これでひとまず準備は終了です。

# 第2章

# データの基礎的な扱いに慣れよう

数値データと文字データ

| str（文字列型） | int（整数型） |
|---|---|
| • "Hello, Wolrd!" | • 0 |
| • "ABC" | • 1 |
| • "123" | • -1 |
| ⋮ | ⋮ |
| bool（真偽値型） | float（浮動小数点型） |
| • True | • 1.23 |
| • False | • 0.0 |
|  | • -1.5 |
|  | ⋮ |

　本書で使うデータの扱い方を中心に見ていきましょう。数値のデータや文字のデータから始めて，データの取り込み方までを概観します。

# 1 数値データ

第1章で準備した Python Practice フォルダ内に，chapter02 という名前で新しくノートブックを作成しましょう。以下，各章ごとに新規ノートブックを作っていきます（最終的に，第1章の扉のようになります）。

## 1 データフレーム

分析に使うデータフレームのサンプルを作ります。下記を Jupyter Notebook のセルに入力しましょう。

```
import pandas as pd

sample_data = [
    [1, 2, 3],
    [4, 5, 6],
    [7, 8, 9],
]
```
コード 2-1

2行目のイコール（=）は数学的な等しさを示すものではなく，「**変数に値を代入する**」という意味です。変数といわれるとびっくりされる方もいるかもしれませんが，中学や高校の数学で $x$ とか $y$ とか表したのと基本的な考え方は同じです。ただ，1や2，100というような1つの数字に限らず，文字データをはじめ色々なデータを代入できます。ここでは，いろいろな数字を含む表形式のデータを表しています。こうした

**図 2-1 変数へのデータの代入**

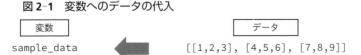

**図 2-2　実行ボタン**

データを容器に入れて，名前を sample_data とつけたイメージでしょうか（図 2-1）。

データを一度 sample_data という変数に代入することで，以降は sample_data という変数を使ってコードを書くことができます。これは Python に限らず，多くのプログラミング言語に共通する考え方です。

```
id = ["1行目", "2行目", "3行目"]
col = ["1列目", "2列目", "3列目"]

df = pd.DataFrame(sample_data, index=id, columns=col)
df
```
コード 2-2

上記を入力後，図 2-2 で囲んで示した▶のマークをクリックします。毎回クリックするのが面倒に感じる場合は，セルを編集して Ctrl キーを押しながら Enter キーを押すことでもセルの内容を実行することができます（このほかにも色々なショートカットキーが用意されています。「Jupyter Notebook ショートカットキー」で検索してみましょう）。

下のセルに以下が出力されます。

↳ 出力結果

|      | 1列目 | 2列目 | 3列目 |
|------|------|------|------|
| 1行目 | 1 | 2 | 3 |
| 2行目 | 4 | 5 | 6 |
| 3行目 | 7 | 8 | 9 |

1　数値データ　　17

### 図2-3 関数の考え方

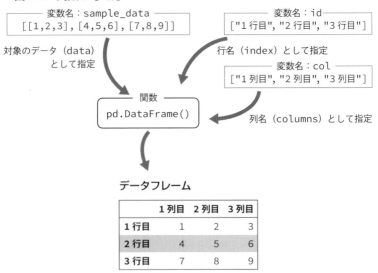

　pd.DataFrame()という「関数」を使って，1〜9の3行3列のデータフレームを作り，それぞれ行名（またはインデックス名；id）と列名（col）をつけています（図2-3）。**関数**とは，あらかじめ決められている計算方法（処理）のことです。関数の()のなかにある値は関数を実行するために必要な値で，**引数**といいます。関数は自動調理器，引数は具材，実行結果が完成した料理というイメージでしょうか。またデータフレームとは，縦と横のデータの集まりで，行と列があるMicrosoft Excelの表をイメージするとわかりやすいでしょう。セルの内容は半角英数字が基本です（以下，間違えやすかったり，質問が多かったりするところに下線を引いています）。変数名や関数名に日本語（半角英数字以外）を使うこともできなくはありませんが，勧められません。変数名や引数名，関数名ではなく，文字列として扱ってほしい入力は" "でくくっています。

[1, 2, 3]の前には半角スペースを4つ入れています。Jupyter Notebook では Enter キーを押して改行すると自動的に入力されます。

本章の目的はコードをなぞりながら Jupyter Notebook の操作に慣れることなので、最初のうちはあまり気にすることはありませんが、コード 2-1 の冒頭やコード 2-2 の後半は以下を表しています。

- `import pandas as pd` の行はデータの取り込みや分析などに必要なコードで、本書のほとんどの場面で冒頭に入力します。
- `df = ……` の行で df というデータフレームを作成後、最後の行で df と入力してその中身を出力させています。

#### よくある質問

sample_data は 4 行で入力しないといけませんか？

そんなことはありません。1 行で

```
sample_data = [[1, 2, 3], [4, 5, 6], [7, 8, 9]]
```

のように入力しても同じです。

## 2 データの行数（個数）の確認

データフレームが何行あるかを知りたいときには、`len()` を使います。丸括弧のなかには引数としてデータフレームを入れます。

```
len(df)
```
コード 2-3

#### ↳出力結果
3

3 行あることがわかります。`len()` は行数の長いデータフレームを扱うときによく使います。

1 数値データ  19

### 3 要素の抽出

2列目だけを取り出します。

```
df["2列目"]
```
コード2-4

#### ↳ 出力結果
```
1行目    2
2行目    5
3行目    8
Name:2列目, dtype:int64
```

出力結果の最終行はデータの名前や種類を表しています。出力したいデータ（この場合はdfの2列目）に含まれている情報ではなく，メタ的な情報ですので，以降は基本的にこの部分を省略して出力結果を表示します。

次に，1列目と2列目を同時に取り出します。

```
df[["1列目","2列目"]]
```
コード2-5

#### ↳ 出力結果

|  | 1列目 | 2列目 |
|---|---|---|
| **1行目** | 1 | 2 |
| **2行目** | 4 | 5 |
| **3行目** | 7 | 8 |

行を取り出すにはiloc()を使います。コード2-6では1行目を取り出しています。<u>1行目は0番目</u>とカウントされるので，[]（ブラケット，角括弧）に0を入れます。

```
df.iloc[0]
```
コード 2-6

## 出力結果

```
1列目    1
2列目    2
3列目    3
```

**よくある質問**

なぜ 1 行目なのに「0」と入力するのですか？

0 番目から数えるためです。

---

データの一部を取り出すことを，「要素にアクセスする」（access an element）と表現します。コードの書き方に悩んだら，「Python データフレーム　アクセス方法」などと検索するとヒントが見つかります。コード 2-6 は df.loc["1行目"] でも同じ結果を得られます。

### 4　要素の削除

2 列目を削除します。いろいろなやり方があります。

**方法 1**　行や列を削除するときには drop() を使います。列のときには axis=1 を指定します（axis=0 とすると行の削除）。削除したデータフレームを df10 とします。

```
df10 = df.drop("2列目", axis=1)
df10
```
コード 2-7

## 出力結果

|       | 1列目 | 3列目 |
|-------|------|------|
| 1行目 | 1    | 3    |

| | | |
|---|---|---|
| **2行目** | 4 | 6 |
| **3行目** | 7 | 9 |

**方法2** 削除したデータフレームを df11 とします。axis=1 を指定する代わりに，columns 引数を使って指定します。出力結果は例1と同じになります。

```
df11 = df.drop(columns="2列目")
df11
```
コード2-8

**方法3** 削除したデータフレームを df12 とします。columns 引数を使って指定するとき，" "（ダブルクォーテーション）でなく，' '（シングルクォーテーション）でも実行できます。文字データ（文字列〔string〕といいます）は基本的にはシングルクォーテーション，ダブルクォーテーションのいずれでも構いません。出力結果は例1と同じになります。

```
df12 = df.drop(columns='2列目')
df12
```
コード2-9

次に，2列目と3列目を同時に削除し，その結果を df13 というデータフレームとします。

```
df13 = df.drop(columns=["2列目", "3列目"])
df13
```
コード2-10

↳ 出力結果

| | 1列目 |
|---|---|
| **1行目** | 1 |

| | |
|---|---|
| **2行目** | 4 |
| **3行目** | 7 |

> **よくある質問**
>
> なぜ df11 や df12 のように新しい名前をつけないといけないのですか？
>
> 別の作業にデータフレームを使うときのためです。たとえば，コード2-12 のように2つのデータフレームを結合させるときには名前がいります。後から使うことを考えて名前をつける習慣をつけておくとよいでしょう。

## 5 データフレーム同士の連結

新しいデータフレーム df2 を作って，2つのデータフレーム（df と df2）を連結します。まず以下のようにコードを入力して，df2 を作成します。なお，sample_data2 の3行2列目の None とはデータがない（欠損値である）ことを表しています（詳しくは次項を参照）。

```
sample_data2 = [
    [10, 20, 30],
    [40, 50, 60],
    [70, None, 90],
]
id2 = ["1行目", "2行目", "3行目"]
col2 = ["4列目", "5列目", "6列目"]

df2 = pd.DataFrame(sample_data2, index=id2, columns=col2)
df2
```
コード2-11

### 出力結果

| | 4列目 | 5列目 | 6列目 |
|---|---|---|---|
| **1行目** | 10 | 20.0 | 30 |
| **2行目** | 40 | 50.0 | 60 |

| 3行目 | 70 | NaN | 90 |

次に，concat() を使って，以下のように df と df2 を統合します。

```
df3 = pd.concat([df, df2], axis=1)
df3
```
コード 2-12

### ↳ 出力結果

|  | 1列目 | 2列目 | 3列目 | 4列目 | 5列目 | 6列目 |
|---|---|---|---|---|---|---|
| 1行目 | 1 | 2 | 3 | 10 | 20.0 | 30 |
| 2行目 | 4 | 5 | 6 | 40 | 50.0 | 60 |
| 3行目 | 7 | 8 | 9 | 70 | NaN | 90 |

列を追加しています。連結方向（縦か横）は引数 axis で指定します。今回は横への（列の）連結なので axis=1 と入力します。drop() と同様に，axis=0 とすると行を縦方向に連結します。

## 6 欠損値

isnull() を使って，欠損値（＝データが入力されていない）があるかを調べます。isnull() はデータフレームの各要素について，欠損値であれば True，そうでなければ False を返します。Python では True と False はそれぞれ 1 と 0 の数値として扱えるので，各行について sum() による合計値を見ることで欠損値がいくつあるか確認できます（欠損値があれば 1 となります）。

```
df3.isnull().sum()
```
コード 2-13

### ↳ 出力結果
1列目　　0

```
2列目    0
3列目    0
4列目    0
5列目    1
6列目    0
```

　5列目に1つ欠損値があります。前述のdf2（またはdf3）を見ると5列3行目はNaNとなっています。NaNとは，Not a Numberの略で数値ではないこと（「非数」と呼ばれます）を表しています。

　次にdropna()を使って，欠損値のある行を削除します。

```
df4 = df3.dropna()
df4
```
コード 2-14

### ↳ 出力結果

|      | 1列目 | 2列目 | 3列目 | 4列目 | 5列目 | 6列目 |
|------|-----|-----|-----|-----|------|-----|
| 1行目 | 1   | 2   | 3   | 10  | 20.0 | 30  |
| 2行目 | 4   | 5   | 6   | 40  | 50.0 | 60  |

　新しいデータフレームdf4では，欠損値のある3行目はありません。

#### よくある質問

行の削除はどんなときに使いますか？

　欠損値があると分析できないときがあります（例：第8章）。その場合，欠損値がある行を削除します。

---

### 7　条件を満たす要素の抽出

　データフレームdf3の4列目のうち50より大きなデータを抽出します。まずは4列目だけを抽出します。

**2** 数値データ　　25

```
df3["4列目"]
```
コード 2-15

## ↳ 出力結果
```
1行目    10
2行目    40
3行目    70
```

その各要素について，50 より大きいか判定します。

```
df3["4列目"] > 50
```
コード 2-16

## ↳ 出力結果
```
1行目    False
2行目    False
3行目    True
```

50 より大きければ True，そうでなければ False と示されます。たとえば，1 行目の 10 は 50 より小さいので False，3 行目の 70 は 50 より大きいので True となっています。

次に，50 より大きなデータである 3 行目のみ抽出して，df5 に入れます。

```
df5 = df3[df3["4列目"] > 50]
df5
```
コード 2-17

## ↳ 出力結果

|     | 1列目 | 2列目 | 3列目 | 4列目 | 5列目 | 6列目 |
|-----|------|------|------|------|------|------|
| 3行目 | 7    | 8    | 9    | 70   | NaN  | 90   |

> よくある質問

条件つきデータの抽出はどんなときに使いますか？

　次章以降の例を見るとわかりますが，行は，個人，会社や都道府県などに対応し，列は，個人であれば年齢，性別，会社であれば売上高や費用，都道府県であれば出生率などに対応します。

　イメージしやすいように，50より大きいデータの抽出を個人でたとえると，50歳より年齢の高い人のデータだけが必要な場合です。

## 8　ループ（繰り返し）

繰り返しの処理に便利なループというものがあります。

コード2-18のように入力してください。

```
for i in range(1, 5):
    print(i)
```
コード2-18

### ↳ 出力結果

1
2
3
4

　i=1のとき1を出力，i=2のとき2を出力といった具合に，指定された範囲1から4までの数字を出力します。範囲の指定にはrange()を使います。指定範囲の最後の数値5は含まれないので注意が必要です。

　また，forの行の最後の:の入力を忘れないようにしましょう。なお，print()の前にはスペースを4つ入れています（前述のように，Jupyter Notebookでは自動で入力されます）。

> よくある質問

**なぜ最後の5は含まれないのですか？**

range() に指定できる2つの引数のうち，1つ目は start，2つ目は stop を意味します。start の数（1）から始まり，stop の数（5）を超えない数まで，1つずつ増えるという意味です。超えない＝未満となります。

## 文字データ

### 1 データの種類

データの種類については，第14章で扱いますが，本書ではあまり気にしなくても構いません。

- 文章や単語（文字列）……… str（string の略）
- 整数 ……………………………… int（integer の略）
- 小数 ……………………………… float（浮動小数点に由来）
- True，または，False …… bool（真偽値）
- 配列（リスト）……………… list

コード 2-19 のように入力してください。

```
print(type("1行目"))
print(type(1))
print(type("1"))
print(type(1.23))
print(type("1.23"))
print(type(True))
print(type("True"))
print(type([1, 2, 3]))
```
コード 2-19

28　第 2 章　データの基礎的な扱いに慣れよう

## 出力結果

```
<class 'str'>
<class 'int'>
<class 'str'>
<class 'float'>
<class 'str'>
<class 'bool'>
<class 'str'>
<class 'list'>
```

コード1行目は文字列，2行目の1は整数，4行目の1.23は小数，6行目のTrueは真偽値，最後の[1,2,3]は配列です。なお，それぞれを" "で囲むと文字列として扱われます。

## 2 分 割

split()を使って，文章を句点（。）で分割します。

```
"今日は朝から雨模様だ。明日は晴天になるらしい。".split("。")
```
コード2-20

## 出力結果

```
['今日は朝から雨模様だ', '明日は晴天になるらしい', '']
```

「。」が2つあるので，その前後3つに分割されています。つまり，①今日は朝から雨模様だ，②明日は晴天になるらしい，③長さ0の文字列，です。

## 3 結 合

join()を使って，単語を結合します。

```
words = ["今日", "は", "朝", "から", "雨模様", "だ", "。"]
```
コード2-21

```
sentence = " ".join(words)
print(sentence)
sentence2 = "".join(words)
print(sentence2)
```

## ↳ 出力結果

```
今日 は 朝 から 雨模様 だ 。
今日は朝から雨模様だ。
```

　wordsのリストにある句読点を含めた7つの単語を結合しました。単語の間にスペースを入れた場合（sentenceで" "でクォーテーションの間にスペースあり）と入れない場合（sentence2で""でクォーテーションの間にスペースなし）の2通りです。

### 4　出力する文字に改行を含める

　複数行の文字列を出力したいときには，トリプルクォーテーション（"""）を使います。

```
sample_sentence = """                                  コード2-22
    今日は朝から
    雨模様だ。明日は
    晴天になるらしい。
"""
print(sample_sentence)
```

## ↳ 出力結果

```
    今日は朝から
    雨模様だ。明日は
    晴天になるらしい。
```

　クォーテーションマーク1組のままで，行末に \ （バックスラッシュ；日本語のフォントでは円マーク〔¥〕が表示されます。日本のサイトでは円マークが表示されていることが多いので読み替えましょう）を入れると，コード

上では改行できますが出力では改行が無視されます。

```
sample_sentence3 = "今日は朝から\
雨模様だ。明日は\
晴天になるらしい。"
print(sample_sentence3)
```
コード 2-23

### ↳ 出力結果

今日は朝から雨模様だ。明日は晴天になるらしい。

## データの取り込み

　分析に使用するデータは政府機関などがいろいろなファイル形式で公表しています。

　Excel ファイルは第 4〜10 章，拡張子が .txt で終わるようなテキストファイルは第 11・14 章に取り込み方を示しました。数理モデルのシミュレーションである第 12・13 章ではデータの取り込みはありません。

　csv ファイルの場合を見ましょう。csv ファイルとはカンマ区切り (comma separated value；カンマを列区切りのように使うファイル) のテキストファイルです。

　これまで書いた通りに作業していれば，Python Practice というフォルダのなかでノートブックを操作していることでしょう。その Python Practice フォルダ内にさらに data というフォルダを作成し (第 1 章扉も参照)，ダブルクリックで data のフォルダを開き，右上の Upload ボタンから本書のサポートページで配布している chapter02.csv のファイルを読み込みます (マウスでドラッグ&ドロップしても同じことができます)。

　コード 2-24 のように入力してください。

```
import pandas as pd                                    コード2-24
birth = pd.read_csv(
    "data/chapter02.csv",
    encoding="Shift-jis"
)
```

　import pandas as pd の行はデータの取り込みや分析などに必要になります。

　pd.read_csv() を使って取り込みます。丸括弧内には，自分のパソコン内のファイルがある場所を指定します。

　read_csv の第1引数に指定している "data/chapter02.csv" は，「このノートブックがあるフォルダを起点として，data というフォルダのなかにある chapter02.csv」という意味です（こうした，パソコン上でのファイルの位置のことを専門的には「パス〔path〕」といいます）。また，第2引数は日本語を読み込むための引数です。試しに第2引数を省略してみると，UnicodeDecodeError という長いエラーが出ると思います。日本語が含まれるファイルはうまく読み込めないことがあります。UnicodeDecodeError という長いエラーが出てきてびっくりするかもしれません（図2-4）。最後に，encoding="Shift-jis" を入れるとうまく取り込めます。

### よくある質問

#### encoding とは何ですか？

　文字などをコンピューターが処理するのに適した形式に変えることで，規則に従って文字に番号が割り当てられます。いろいろな方式があり，シフトJISは日本語のエンコーディング方式の1つとして古くから使われています。前述の例ではファイルがシフトJISでエンコーディングされていたため，encoding引数でShift-jisと指定しています（詳しく知りたい方は「文字コード」などで検索してみましょう）。

### 図 2-4 エラーメッセージ

```
UnicodeDecodeError                        Traceback (most recent call last)
                    (途中は略)

UnicodeDecodeError: 'utf-8' codec can't decode byte 0x93 in position 0: invalid st
art byte
```

取り込んだデータを birth と呼びます。birth.head() とすると最初の5行が見られます。

```
birth.head()
```
コード 2-25

### 出力結果

|   | 都道府県 | 合計特殊出生率 | 世帯年間収入 |
|---|---|---|---|
| 0 | 北海道 | 1.19 | 4,488 |
| 1 | 青森 | 1.28 | 4,952 |
| 2 | 岩手 | 1.39 | 5,282 |
| 3 | 宮城 | 1.27 | 5,702 |
| 4 | 秋田 | 1.31 | 5,274 |

うまくデータが取り込めたようです。なお，birth とだけ入力すれば，すべてのデータが表示されます。

#### よくある質問

エラーにはどのように対処したらよいでしょうか？

初めのうちはエラーがたくさん出ます。エラーはあなたに否があると咎めているものではなく，Python の作業記録です。解決のヒントが得られる貴重な情報ですので，怖がらずに読んでみましょう。

まず，打ち間違いを確認しましょう。よく見る間違いに，for の行の<u>最後の：の入力</u>を忘れていたりすることがあります。<u>単純な打ち間違え</u>（read が

reasや，アンダーバー〔_〕がピリオド〔.〕になっていること）もあります。

次に，エラーの内容を考えてみましょう。図2-4の場合であれば，「'utf-8' codec can't decode byte」をコピーして，Pythonという単語と一緒にウェブで検索すると，対処方法を説明したサイトがいくつも出てきます。生成AIもかなり詳しく解説してくれるようになりました。それらの説明を参照して修正しましょう。

# 第3章

# 特徴を踏まえて適切な計画を立てよう
## 平均とヒストグラム

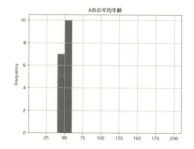

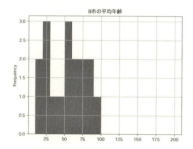

　市町村の住民の特徴を比べて，地域住民の違いを調べます。住民の特徴を1つの数値で示して比べることで，適切な政策を考えてみましょう。たとえば，住民の平均年齢が50歳と同じであるA市とB市を例にとります。平均年齢で見た住民の特徴が同じなので，同じ政策（例：年金生活者に配慮する政策）を行えば，いずれの市の住民も満足するでしょうか。

# 1 平均

## *1* データの入力と住民数の表示

A市，B市，C市という3つの市の住民の年齢について架空データを作りましょう（C市には179歳以上の年齢が入っていますが，データ分析の練習のためのデータなので気にせず入力してください）。最初の4行については後ほど説明します。

```
import pandas as pd
import matplotlib.pyplot as plt
import japanize_matplotlib
import seaborn as sns

data = {
    "A市":[
        42, 43, 45, 46, 47, 48, 49, 50, 51,
        52, 52, 52, 52, 53, 55, 56, 57,
    ],
    "B市":[
        10, 14, 20, 23, 28, 33, 40, 51, 53,
        54, 62, 62, 70, 75, 80, 85, 90,
    ],
    "C市":[
        8, 13, 18, 26, 27, 29, 33, 35, 37,
        38, 39, 45, 45, 48, 179, 186, 198,
    ],
}

df = pd.DataFrame(data)
df.head()
```

↳出力結果

|   | A市 | B市 | C市 |
|---|---|---|---|
| 0 | 42 | 10 | 8 |

| | | | |
|---|---|---|---|
| **1** | 43 | 14 | 13 |
| **2** | 45 | 20 | 18 |
| **3** | 46 | 23 | 26 |
| **4** | 47 | 28 | 27 |

df.head()で最初の5行(それぞれの市に住む5人の年齢)が示されます。前章で述べたように,Pythonでは最初の行は「0」から始まります。

次にデータの「長さ」を調べるlen()を使って,住民数を示します。

```
len(df)
```
コード3-2

### ↳ 出力結果
17

それぞれの市に住民が17人いることがわかります。

ここではすべての市で住民数が同じですが,A市の住民数だけを示したいときには次のように入力します。

```
len(df["A市"])
```
コード3-3

### ↳ 出力結果
17

## 2 平均の計算

mean()を使って,それぞれの市の年齢の**平均値**(mean)を計算します。これまではセルの最終的な処理結果をそのまま出力することが多くありましたが,出力をより見やすくするために,ここではprint()を使います。出力したい内容をカンマ区切りで指定すると,それぞれをスペー

ス区切りで出力してくれます。

```
print("A市", df["A市"].mean())
print("B市", df["B市"].mean())
print("C市", df["C市"].mean())
```
コード3-4

### ↳出力結果
A市 50.0
B市 50.0
C市 59.05882352941177

なお，df.mean() と入力すると，市ごとに計算するのではなく，すべての市の平均年齢を一度に計算できます。

```
df.mean()
```
コード3-5

### ↳出力結果
A市 50.000000
B市 50.000000
C市 59.058824

A市の平均年齢は50歳。B市の平均年齢も50歳です。C市の平均年齢は約59歳です。

## ヒストグラムで分布を把握する

A市とB市の平均年齢は同じですが，データを見るかぎり，2つの市の特徴が同じようには見えません。そこで，年齢構成の特徴を可視化するために，グラフを描いて，詳しく見てみましょう。

## *1* ヒストグラムの描き方

新たなライブラリを使って，A市の住民の年齢の分布を図で描いてみましょう。分布図のことを**ヒストグラム**（histogram）といいます。

```
import pandas as pd
import matplotlib.pyplot as plt
import japanize_matplotlib
import seaborn as sns

age_spans = [
    10, 20, 30, 40, 50, 60, 70, 80, 90, 100, 110,
    120, 130, 140, 150, 160, 170, 180, 190, 200,
]

df["A市"].plot(
    kind="hist",
    bins=age_spans,
    title="A市の平均年齢",
    grid=True
)
```

コード3-6

最初の4行のimportで，計算したり，図を描いたりする際に必要なものをインポートします。

pandasは第2章でも使いましたが，データの取り込みや分析などに使うものです。matplotlib.pyplotは図を作成するときに使うもので，japanese_matplotlibは日本語で表記されている変数名（売上高など）が図にきちんと表示されるようにするためのものです。seabornは図をより見やすくするために使います（本章中のコードでは使用しませんが，練習問題で使用します。これら4つはセットで使用することが多いので，「おまじない」のようにノートブックの先頭に書くクセをつけておくのもよいでしょう）。

ここでは，as を使うことで，pandas を pd，matplotlib.pyplot を plt などと省略して使えるようにしています。これによってコードを書く負担が減ります。

2 ヒストグラムで分布を把握する 39

> よくある質問
>
> importはまとめて記述する必要があるのですか？
>
> 　Jupyter Notebookでは，一度ライブラリをインポートすれば，ノートブックのそれ以降の箇所でいつでも使えるので，まとめて書く必要はありません。ただ，使用するライブラリをまとめて書くことで，そのノートブックで行う分析の概要を示せてわかりやすいので，まとめて書く慣習があります。
>
> 　仕事（＝分析）をするにあたり，能力（＝機能）に応じて，一緒に働く仲間を招集するイメージです。今回は，4行なので4人のパーティメンバーを集めたといったところでしょうか。

　age_spansの部分でたくさんの数字を書いているのは，年齢幅を10歳区切りにするためです。

　plot()の各引数を指定することでヒストグラムを生成できます。kindは図の種類をヒストグラム（hist）として指定するもので，binsではデータの区切りを指定しています。titleとgridの引数はその名のとおり，タイトルとグリッド（目盛り線）を指定するオプションです。

　図3-1のようなグラフが出力されます。

**図3-1　コード3-6の出力結果**

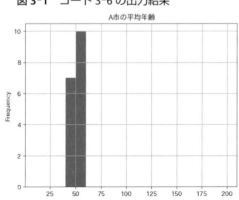

横軸が年齢，縦軸は住民数です。40〜49歳の住民が7人，50〜59歳の住民が10人いるのがわかります。

A市では，住民の年齢が50歳付近に集中しています。

> **たまにある質問**

図の日本語が文字化けします。どうすればいいですか？

japanize_matplotlibが正しくインストールされていない可能性があります。エラーが表示されていたらその文面でネット検索することで解決のヒントが得られます。

どうしてもエラーが解消しないときには，sns.set(font="Yu Gothic")やsns.set(font="Meiryo")のように個別にフォントを指定しても大丈夫です。それぞれ游ゴシックやメイリオのことです（Jupyter Notebookを実行しているパソコンにインストールされているフォントでないものを指定しても反映されないのでご注意ください）。

import japanize_matplotlibの1行を入れると，sns.set()を使う必要はありません。どちらか1つで構いません。

B市の住民の年齢の分布を図で描いてみましょう。

```
df["B市"].plot(
    kind="hist",
    bins=age_spans,
    title="B市の平均年齢",
    grid=True
)
```
コード3-7

図3-2のようなグラフが出力されます。

B市では，住民の年齢が10〜100歳の間に散らばっているのがわかります。

**図 3-2 コード 3-7 の出力結果**

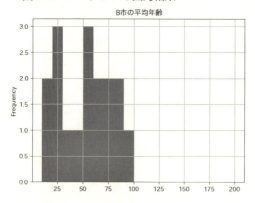

　A市とB市では平均年齢は50歳と同じですが，それぞれの市の住民の年齢構成が違います。平均年齢だけだとわからないこともあるのです。

　年金の受給開始年齢である65歳以上が住民の3割（＝5÷17）を占めるB市と年金受給者がいないA市では，求められる政策も異なるでしょう。

## 2　データの抽出*

　ヒストグラムからはB市における65歳以上の住民数がわかりづらいかもしれません。そこで，65歳以上の住民数をきちんと数えます。

　データからB市を抜き出し，不等号の＞を使うことで64歳より大きいかどうか確認できます。

```
df["B市"] > 64
```
コード 3-8

**⤶出力結果**
```
0    False
1    False
```

| | |
|---|---|
| 2 | False |
| 3 | False |
| 4 | False |
| ⋮ | ⋮ |
| 12 | True |
| 13 | True |
| 14 | True |
| 15 | True |
| 16 | True |

B市の各データに対して，65歳以上ならTrue（正しい），そうでないならFalse（正しくない）と表示されます。

65歳以上であるTrue（正しい）のデータだけ抜き出して，新しいデータフレームをdfBと呼びましょう。

```
dfB = df[df["B市"] > 64]
dfB
```
コード3-9

### ↳出力結果

|    | A市 | B市 | C市 |
|----|----|----|----|
| 12 | 52 | 70 | 45  |
| 13 | 53 | 75 | 48  |
| 14 | 55 | 80 | 179 |
| 15 | 56 | 85 | 186 |
| 16 | 57 | 90 | 198 |

次に，データフレームの行数を数えます。

```
len(dfB)
```
コード3-10

### ↳出力結果

5

B市には65歳以上が5人いることがわかりました。

> **たまにある質問**

なぜA市やC市の年齢も表示しているのですか？

ほかの市のデータが気になるのであれば、B市のデータだけを抜き出して数えても同じです。

```
dfBB = dfB["B市"]
dfBB
```
コード3-11

### ↳ 出力結果
```
12    70
13    75
14    80
15    85
16    90
Name: B市, dtype: int64
```

```
len(dfBB)
```
コード3-12

### ↳ 出力結果
```
5
```

## 分布の特徴を表す指標

### 1 極端な値の影響

C市の住民の平均年齢は59歳で、B市の平均年齢50歳よりも高いので、C市はB市よりも高齢化しているといってよいでしょうか。

C市の住民の年齢の分布を図で描いてみましょう。

```
df["C市"].plot(
    kind="hist",
    bins=age_spans,
    title="C市の平均年齢",
    grid=True
)
```
コード 3-13

図 3-3 のようなグラフが出力されます。

C市の住民のほとんどは 50 歳以下です。65 歳を超える住民は全住民の 18%（= 3 人）しかいません。ただし，この 3 人は 150 歳を超える高齢者です。

一方，B市では 65 歳以上が住民の 30% を占めます。その割合はC市の 2 倍弱です。

このため，C市の住民の平均年齢がB市の平均年齢より高くても，C市のほうがB市よりも高齢化しているとはいえません。

それぞれの市の住民の年齢構成が違うため，平均年齢だけだとわから

**図 3-3　コード 3-13 の出力結果**

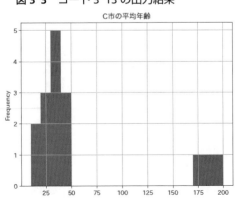

ないこともあるのです。

　日常生活でよく使う平均ですが，実は，平均は極端な値（たとえば，186歳）の影響を受けやすいため，解釈には注意が必要です。

## 2　老年人口指数——高齢化を議論するための指標[*]

　高齢化をきちんと議論するために，老年人口指数を使っても同じ結論になります。

$$\text{老年人口指数} = \frac{65\,\text{歳以上人口}}{15\sim64\,\text{歳人口}} \times 100$$

なので，A市の老年人口指数は0，B市の老年人口指数は50（=〔5÷10〕×100），C市の老年人口指数は25（=〔3÷12〕×100）です。C市の住民の平均年齢がB市の平均年齢より高くても，C市のほうがB市よりも高齢化しているとはいえません。

　参考までにすべての市の住民の年齢分布を図で描いてみましょう。

```
df.plot(
    kind="hist",
    bins=age_spans,
    title="各市の平均年齢",
    grid=True
)
```
コード3-14

　図3-4のようなグラフが出力されます（実際にはカラーです）。

　A市は50歳付近に集中，B市は50〜100歳に散らばり，C市は50歳未満と160歳以上に二極化しています。また，C市は，A市やB市よりも，若い人が多いです。

　住民の特徴は市によって違うことがわかります。このため，求められる政策も変わってくるでしょう。

　たとえば，C市では，B市よりも，乳幼児を援助する政策が支持され

図3-4 コード3-14の出力結果

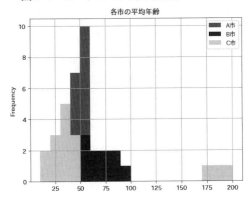

るかもしれません。また，B市では，年金政策への関心が，ほかの市の住民よりも高い可能性があります。

### 3 中央値

平均は極端な値の影響を受けてしまうので，実際のイメージとかけ離れることがあります。

そこで，その代わりとなる**中央値**（median）と呼ばれるものを求めましょう。中央値とは，小さな数字から大きな数字に並べたときに真ん中に来る数字です。たとえば，2，5，8，9，16と5つの数字の中央値は8です。左から数えて3番目，右から数えても3番目の数字です。

```
df.median()
```
コード3-15

#### ↳出力結果

```
A市    51.0
B市    53.0
C市    37.0
```

A市の中央値は51歳，B市の中央値は53歳と似たような値です。ただ，C市の中央値は37歳と一番若くなっています。C市の平均年齢が59歳と一番高くなっていたのとは真逆の結果です。

　実際，C市は，A市やB市よりも，若い人が多いので，平均年齢よりも中央値の年齢のほうが市のイメージに近いでしょう。

> **よくある質問**
>
> データの個数が偶数のときにはどうすればよいですか？
>
> 　たとえば，2，5，8，9のように4つであれば，2番目と3番目の5と8を足して2で割ります。中央値は6.5です。

## 4　最頻値

　極端な値の影響を避けるには，中央値以外にも**最頻値**（mode）というものもあります。たとえば，22，35，35，39，46と5つの数字の最頻値は2回登場する35です。

　最頻値では，何歳の住民が一番多いかで市のイメージを見ます。

```
df.mode()
```
コード3-16

**↳出力結果**

|   | A市 | B市 | C市 |
|---|---|---|---|
| 0 | 52 | 62 | 45 |

　A市の最頻値は52歳，B市の最頻値は62歳，C市の最頻値は45歳で，それぞれ4人，2人，2人います。

## 5 標準偏差

住民の年齢がどれだけ散らばっているかを数値で示してみましょう。**標準偏差**(standard deviation) といい,平均からのズレを表す指標です。

```
df.std()
```
コード3-17

### ↳ 出力結果
```
A市     4.358899
B市    25.570980
C市    62.425426
```

50歳付近に集中して散らばっていないA市の標準偏差は4.4と小さく,50歳未満と160歳以上に二極化しているC市の標準偏差は62.4と大きくなっています。

集中と二極化の中間であり,50〜100歳に散らばっているB市の標準偏差は25.6です。

標準偏差が小さいほど,似た年齢の住民が多いことになります。似た年齢の住民が多いほど,関心の対象が違わず,政策を決めやすくなるかもしれません。

### 練習問題

おでんの売上高と気温に関するデータセット chapter03_exercise.xlsx を使って,次の問いを考えてみましょう。

**問1** データセットの長さを調べましょう。気温と売上高の組み合わせがいくつ(=何行)あるでしょうか。

また,1行目の気温と売上高の数値を答えましょう。ただし,気温の単位は℃,売上高の単位は万円とします。

**問2** 気温と売上高の平均，中央値，標準偏差を求めましょう。

**問3** 売上高のヒストグラムを描いてみましょう。

# 第4章

## データの散らばり方を調べてみよう

相関係数

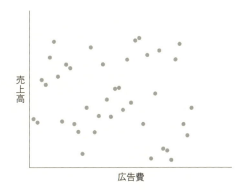

　店舗の売上高は，ほかの変数とどのような関係があるでしょうか。広告費を多くかけている店舗ほど，その売上は高いのでしょうか。また，最寄駅からの距離はどうでしょう。距離が離れている店舗ほど売上高が低いのでしょうか。本章では，2つの変数の関係性を知りたいときに役立つ分析を学びます。

# 1 相関係数

　大量のデータは，そのままでは何を意味しているかわからないことがあります。そこで，分析のとっかかりとして，データの特徴を1つの数値（平均や分散など）で要約したり，データ内の規則性や関係性を調べたりすることから，データ分析を始めることが常です。

　本章で紹介する**相関係数**（correlation coefficient）は後者に当たり，2つの変数の関係性を数値で示します。相関係数を見ると，ある変数が増加したら，もう1つの変数がどのように変化するかがわかります。たとえば，幸福度の高い人ほど友人の数が多いといった具合です。

　私たちになじみ深い平均や分散などがデータをひと固まりで（＝全体的に）捉えるのに対し，相関係数はデータを構成する変数の（＝データの部分的な）関係性を考察する点が違います。

　2変数の関係性を調べるなら図（＝散布図）で十分と思われる方もいるでしょう。ただ，データ内の変数が多いときには図の数も増えます。いくつもの図が並んでいるよりは，数値のほうがわかりやすいでしょう。また，数値にすると，関係性の強さを比較できることも利点です。たとえば，幸福度の高さが友人数だけでなく睡眠時間とも関係している場合，友人数のほうが幸福度との関係性が強いといったことが示せます。

　相関係数を活用できる場面はいろいろあります。たとえば，私たちの生活を改善するためのヒントになります。もし，幸福度が友人数や睡眠時間，健康状態などと関連しているのであれば，より精緻な分析を行うことで幸福度を上げるためにはどうしたらよいかを教えてくれるかもしれません。

　それ以外にも，マーケティングの参考になります。たとえば，商品の購買データを分析して，購買層を絞り込む手掛かりを与えてくれます。

購入が，高い年齢や女性との相関が高ければ，こうした層に絞って広告してもよいでしょう。実務のイメージが薄い相関係数ですが，使い方によっては実用性がないわけではありません。この章では，架空のデータを使って広告費と売上高について見ていきましょう。

 散布図

### 1 データの取り込み

自分のコンピュータに保存している Excel のデータを取り込みます。新たに chapter04 というノートブックを作成して，chapter04.xlsx という Excel ファイルを使用します。ライブラリは前章と同じものを使います。

```
import pandas as pd
import matplotlib.pyplot as plt
import japanize_matplotlib
import seaborn as sns

df = pd.read_excel("data/chapter04.xlsx")
df.head()
```

コード 4-1

#### 出力結果

|   | 距離 | 広告費 | 売上高 |
|---|---|---|---|
| 0 | 288.099243 | 104.498962 | 352.765564 |
| 1 | 79.220535 | 34.570030 | 32.432228 |
| 2 | 420.628479 | 86.856979 | 204.436340 |
| 3 | 268.194580 | 85.935555 | 313.184021 |
| 4 | 212.866058 | 56.638203 | 133.743042 |

df.head() でデータの確認をします。100 行ある距離，広告費，売上

高のデータのうち,最初の5行が示されます。各行が各店舗のデータになります。

さらに,len(df) と入力すれば,100 と出力され,最寄駅からの距離(メートル),広告費(百万円),売上高(百万円)についての100店舗のデータを読み込めたことがわかります。

```
len(df)
```
コード4-2

↳出力結果
100

## 2 関係性を散布図にする
### 広告費と売上高の関係

広告費と売上高の関係を図に描いてみましょう。

```
df.plot(
    kind="scatter",
    x="広告費",
    y="売上高",
    c="blue",
    title="広告費と売上高の関係",
    grid=True
)
```
コード4-3

前章に引き続き,plot() の各引数を指定して図を描きましょう。kind を scatter とすることで散布図になります。x と y はそのまま軸ラベルで,c はカラーを表し図中のデータ点の色を指定します(紙面上では黒色で表示されていますが,コードを実行すると青色になります)。タイトルとグリッドの指定は前章の通りです。

図4-1のようなグラフが出力されます。

**図4-1 コード4-3の出力結果**

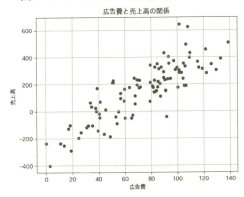

　図より，左下から右上にかけてデータが散らばっており，広告費が増えるにつれて売上高が増える様子がわかります。

**最寄駅からの距離と売上高の関係**
　最寄駅からの距離と売上高の関係を図に描いてみましょう。

```
df.plot(
    kind="scatter",
    x="距離",
    y="売上高",
    c="blue",
    title="最寄駅からの距離と売上高の関係",
    grid=True
)
```
コード4-4

　図4-2のようなグラフが出力されます。
　図4-1ほど明確ではありませんが，なんとなく左上から右下にかけてデータが散らばっているようで，最寄駅からの距離が離れるほど売上高が減っているように見えます。

**図4-2　コード4-4の出力結果**

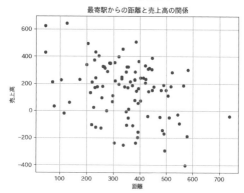

### 広告費と最寄駅からの距離の関係

広告費と最寄駅からの距離の関係を図に描いてみましょう。

```
df.plot(
    kind="scatter",
    x="広告費",
    y="距離",
    c="blue",
    title="広告費と距離の関係",
    grid=True
)
```
コード4-5

図4-3のようなグラフが出力されます。

図を見るかぎり，データはバラバラに散らばっているようで，広告費と最寄駅からの距離に特別な関係性があるようには見えません。

**図4-3 コード4-5の出力結果**

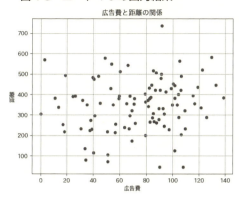

 相関の数値化

このように，図に描くと2つの変数の関係性がなんとなくわかりますが，もっとはっきりと知りたいところです。そこで，2つの変数の関係性を示す相関係数の出番です。相関係数は−1から1までの数値で示されます。数値の意味は具体例を使って説明しましょう。

### 1 相関係数を求める

#### 広告費と売上高の相関係数

広告費と売上高の相関係数を求めてみましょう。

```
print(
    "広告費と売上高の関係",
    df.corr()["広告費"]["売上高"]
)
```
コード4-6

### 図4-4 相関係数

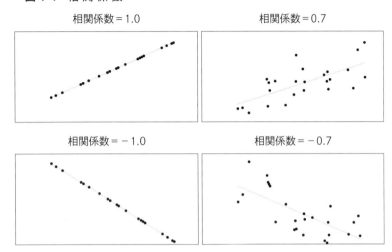

df.corr() に続けてブラケット（[]，角括弧）内に変数名を指定すると相関係数が計算できます。

### ↳出力結果
広告費と売上高の関係　0.8492139637899264

広告費と売上高の相関係数は 0.85 です。

①このように両者の関係性が強いときには1に近い値になります。

②また，広告費が増えるにつれて売上高が増えるような場合にはプラス（正）の値になります。「正の相関」があるといいます。図に描くと，データの点が左下から右上に散らばっている場合です（図4-4の上側の2図を参照）。

### 最寄駅からの距離と売上高の相関係数
最寄駅からの距離と売上高の相関係数を求めてみましょう。

```
print(
    "最寄駅からの距離と売上高の関係",
    df.corr()["距離"]["売上高"]
)
```
コード4-7

### ↳ 出力結果

最寄駅からの距離と売上高の関係 -0.3373218755500288

　最寄駅からの距離と売上高の相関係数は-0.34です。

① 広告費に比べると，売上高との関係性は弱いですが，ある程度の関係はあるようです。

② また，距離が増えるにつれて売上高が減るような場合には，相関係数はマイナス（負）の値になります。「負の相関」があるといいます。図に描くと，データの点が左上から右下に散らばっている場合です（図4-4の下側の2図を参照）。

**最寄駅からの距離と広告費の相関係数**

最寄駅からの距離と広告費の相関係数を求めみましょう。

```
print(
    "最寄駅からの距離と広告費の関係",
    df.corr()["距離"]["広告費"]
)
```
コード4-8

### ↳ 出力結果

最寄駅からの距離と広告費の関係 0.13605607438143322

　最寄駅からの距離と広告費の相関係数は0.14です。両者には関係性があまり認められません。

**広告費と広告費の相関係数**

ためしに広告費と広告費の相関係数を求めてみましょう。

```
print(
    "広告費と広告費の関係",
    df.corr()["広告費"]["広告費"]
)
```
コード4-9

**出力結果**

広告費と広告費の関係 1.0

広告費と広告費の相関係数は1です。つまり，ぴったり一致する場合の関係性は1になります。

## 2 各組み合わせの相関係数を一括で出力する

データフレームにある変数の相関係数は，1つひとつ計算しなくても，一度に計算することもできます。

```
df.corr()
```
コード4-10

**出力結果**

|      | 距離       | 広告費    | 売上高     |
|------|-----------|----------|-----------|
| 距離  | 1.000000  | 0.136056 | -0.337322 |
| 広告費 | 0.136056  | 1.000000 | 0.849214  |
| 売上高 | -0.337322 | 0.849214 | 1.000000  |

距離と距離，広告費と広告費，売上高と売上高が対応する，左上から右下への対角線上の相関係数はすべて1になります。また，広告費と距離，もしくは距離と広告費で見ても，相関係数0.14と変わらないので，

対角線を挟んで値が対称になっています。

## 3 相関係数を視覚的に表す——ヒートマップ

すべての変数の相関係数を視覚的に見てみましょう。色によって関係性の強さを描くもので**ヒートマップ**といいます。直訳すると熱地図といったところでしょうか。実際に見るとそのネーミングの意味がわかります（ここでも，日本語が文字化けする場合は第3章を参考にフォント情報を指定しましょう）。

```
sns.heatmap(
    df.corr(),
    annot=True,
    vmax=1,
    vmin=-1,
    center=0,
)
```

コード4-11

annotはアノテーション（注釈）の略で，数値を表示するときはTrueを指定します。以下，vmax, vmin, centerはそれぞれ最大値と最小値

**図4-5 コード4-11の出力結果**

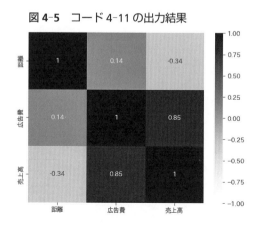

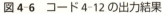

**図 4-6 コード 4-12 の出力結果**

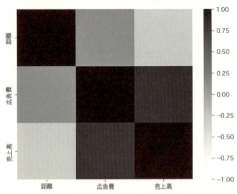

と中心を指定するための引数です。

出力結果は図 4-5 のようになります。正の相関は暖色，負の相関は寒色で，0（無相関）に近づくほど色が濃く表示されます（図 4-5 では正の相関は黒色，負の相関は灰色で表示しています）。

参考までに annot=False にすると数値が表示されません（図 4-6）。

```
sns.heatmap(
    df.corr(),
    annot=False,
    vmax=1,
    vmin=-1,
    center=0,
)
```
コード 4-12

# 4 相関関係と因果関係*

## 1 相関関係と因果関係の違い ①

広告費と売上高には強い正の相関が認められていましたが、広告費を増やせば売上高も増えるといってよいのでしょうか。

残念ながら相関係数だけからは断言できません。**相関関係**（広告費が多いときには、売上高も高い）は、**因果関係**（広告費を増やしたので、売上高が増えた）ではないからです。

あくまで相関関係（どちらか1つが増えるときに、もう1つも増える）にすぎないからです。どちらが原因かはわかりません。

たしかに、広告費を増やしたので、売上高が増えたのかもしれません。しかし、売上高が増えて資金に余裕ができたので、広告に使えるお金が増えた可能性もあるわけです。

相関関係は因果関係と同じでないことは、ほかの例だともっとわかりやすいでしょう。

たとえば、傘の売上本数と降水日数には正の相関があります。つまり、傘の売上本数が多いほど、降水日数も多いことになります。しかし、傘をたくさん買えば雨が降ると思う人は少ないでしょう。

同様に、防災グッズの売上高と月間地震回数はどうでしょう。両者に正の相関が認められても、防災グッズの売上高が伸びたから地震が発生したとは考えづらいです。防災グッズの不買運動をしても、地震発生を止めることはできないでしょう。

相関関係から因果関係を推測した議論には注意が必要です。傘の売上本数と降水日数の関係や防災グッズの売上高と月間地震回数の関係などは、常識の範囲内で間違った因果関係を排除できますが、現実にはこれらほど明白でない事例が多くあります。

## *2* 相関関係と因果関係の違い ②

相関関係と因果関係を取り違えると何か問題があるのでしょうか？具体例をあげながら利用上の注意を説明します。

### 例1 移民と治安

移民と犯罪の関係を例にとり説明します。たとえば，移民が住民に占める割合が多い地域ほど，犯罪率が高いとしましょう。これにより，移民のせいで犯罪が増えるので，移民を受け入れるべきでないと結論づけられるでしょうか。

①「移民が住民に占める割合が多い地域ほど犯罪率が高い」は相関関係です。②「犯罪率が高い地域ほど，移民が住民に占める割合が多い」と言い換えられます。どちらの表現で見ても，高い犯罪率は移民のせいであるように感じますが，違います。

①の表現は，地域に移民が増える（原因）→犯罪が増える（結果），という因果関係ではありません。②のように言い換えられるからです。ちなみに，②の表現も，地域の犯罪が増える（原因）→移民が増える（結果），という因果関係を表しているわけではありません。

したがって，移民が原因で犯罪が増える結果になったとはいえません。相関関係でもって，移民を受け入れるべきでないと結論づけることはできないわけです。原因と結果という因果関係が成立していないと，移民のせいで犯罪が増えたから移民を排斥すべきとはいえないのです。

このように，移民の受け入れのようなセンシティブな問題では，因果関係と相関関係の区別は重要です。解釈が異なるため，結論が違ってしまうのです。①のような相関関係では，移民が犯罪を増やすという証拠にはなりません。

このため，学術研究（および大学の計量経済学などの講義）では，因果関係の重要性を強調します。ちなみに，前述の例では，「犯罪者は家賃が安い地域に集まる」「移民は家賃が安い地域に住む」のであれば，高い

犯罪率と移民の間には正の相関が見られますが,「安い家賃」が原因であり,犯罪率が高いことと移民が多いことはその結果です。

**例2 移民と企業の生産性**

移民と企業の生産性の関係を例にとり説明します。移民の割合が高い企業ほど,生産性が高いとしましょう。これにより,移民のおかげで生産性が向上するので,企業は移民を受け入れるべきだと結論づけられるでしょうか。例1が移民受け入れに後ろ向きなトピックだったのに対し,例2は前向きなトピックです。

先ほどと同じく,「移民の割合が高い企業ほど生産性が高い」は相関関係です。「生産性の高い企業ほど移民の割合が高い」と言い換えられます。いずれにしても,企業に移民が増える→生産性が向上する,という因果関係ではありませんので,企業は移民を受け入れるべきとは結論づけられません。移民のおかげで生産性が向上するという証拠にはならないからです。

たとえば,「多様性に寛容な社風」が原因で,「移民が多いこと」と「生産性が高いこと」は結果かもしれません。移民にやさしい職場環境のために優秀な移民が多く応募していたり,いろいろな考え方に寛容な職場ほど生産性が上がったりするかもしれないからです。

## 3　相関関係と因果関係の違い③

ある変数が増加したら,もう1つの変数がどのように変化するかという相関関係は,現実への活用という観点からはあまり使えない分析なのでしょうか？

学術研究(および大学の計量経済学などの講義)では因果関係の重要性を強調する傾向があるので,そのように思われた読者もいるかもしれませんが,そんなことはありません。相関関係を実務に活用することは可能です。

たとえば，ネットでよく見かける「商品○を買った人は商品△も買っています」という宣伝です。商品○の販売と商品△の販売に正の相関が見られるのであれば，商品○を買った人に商品△を勧めれば購入の確率が上がるかもしれません。この考え方を応用して，最初から両商品をセット販売したり，商品○を買えば商品△は半額といった販促をしたりするのも一案です。

　ここでは，商品○と商品△の販売に因果関係があるかどうかはあまり問題ではありません。両者の販売に相関関係が見られるという事実があれば十分なのです。どのような理由で両者に相関があるのかわかっていなくても，実務では利用できることがあるわけです。

　たとえば，夏にバケツを買う人は蚊よけパッチも買う傾向があるとします。これを見ただけではピンときません。ただ，花火，ライター，バケツ，蚊よけパッチの購入ならどうでしょう。花火で遊ぶには，火をつけるライターだけでなく，使い終わった花火を水に入れるバケツもいります。夏に野外で楽しむ花火には，蚊よけパッチがあったら便利でしょう。

　ここでは，花火→ライター，花火→バケツ，花火→蚊よけパッチ，というように，花火の購入が原因です。バケツと蚊よけパッチの購入は因果関係というよりも，両方とも花火購入の結果です。

　このように，因果関係がわからなかったり，成立していなかったりしても，両者の販売をリンクさせることが無意味な場合ばかりではありません。特に，販促の手がかりがまったくないのであれば，とりあえずやってみる価値はあるでしょう。そのための手間がかからないのであればなおさらです。

　こうしてみると，どうしてそうなるか（＝原因）を探求する傾向が強い学術研究に比べて，どうすれば最良の結果が得られるか（＝結果）を追求する実務では，重視されることが違うのがわかります。

　いずれにしても，使い方次第ではまったく実用性がないとまではいえ

ないでしょう。

### 練習問題

第3章で用いたおでんの売上高と気温に関するデータセット chapter03_exercise.xlsx を使って、次の問いを考えてみましょう。

**問1** 横軸を売上高、縦軸を気温として散布図を描いてみましょう。両者にはどのような関係が見られますか。

**問2** 売上高と気温の相関係数を求めてみましょう。

**問3** 問1と問2の解答を踏まえて、（温暖化の対策として）気温を下げたければ、おでんの売上を増やせばよいといえるでしょうか。

# 第5章

# データ同士の関係性を調べてみよう

回帰分析

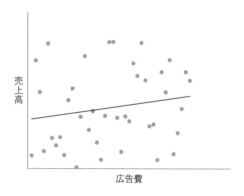

　広告費がわかっているとき，店舗の売上高はいくらくらいになるのでしょうか。具体的に数値を知りたいときに役立つ分析を学びます。また，本章の分析は前章で学んだ相関係数とはどのような関連があるのでしょうか。同じデータを使いながら学習することで，その関連が明らかになります。

# 1 回帰分析

前章の相関係数に引き続き，データ内の規則性や関係性を調べる手法の1つが**回帰分析**（regression analysis）です。回帰分析では，いろいろな要素が結果に与える影響を調べます。広告費，品ぞろえ，最寄駅からの距離や天候などが店舗の売上に与える影響といった具合です。

回帰分析は相関係数による分析と関連しています。2変数の関係を表した傾向線を2次元の図に描いたときに，右上がり（＝推定した係数が正の値）なら正の相関，右下がり（＝推定した係数が負の値）なら負の相関になります。

一方で，相関係数による分析との違いもあります。相関係数は2つの変数の関係性でしたが，回帰分析では2つの変数の関係性（＝**単回帰**）だけでなく，複数の変数との関係性（＝**重回帰**）を扱えます。

また，相関係数は相関の有無やその強さを示すだけでしたが，回帰分析では，広告費が○○円なら店舗の売上は□□円といった具合に，変数の水準ごとにその関係性を具体的な数値で示せます。

つまり，回帰分析では，いろいろな要素（例：広告費や距離）が結果（例：売上）に与える影響を調べて，①結果の要因を明らかにしたり，②結果を予測したりするのに使えます。相関係数を1歩進めた分析といったところでしょうか。

ただ，相関係数の分析が不要なわけではなく，回帰分析の前に行われることがあります。要素間の相関係数が非常に高い場合，両方の要素を回帰分析に含めると正確な結果が得られない（「多重共線性」の問題といわれています）からです。相関係数が非常に高い＝2つの要素が同じような情報ということなので，両方はいらないわけです。

回帰分析は具体的な数値として結果を示せる便利さから，その応用範

囲は広く，いろいろな場面で活用できます。前述のようなマーケティングはその一例にすぎません。社会科学分野におけるデータ分析の基本中の基本であり，ビジネスと学術研究のいずれでも大変よく使われる分析手法です。

## 傾 向 線

### 1 広告費と売上高の傾向線

新たに chapter05 というノートブックを作成し，前章で使ったようにライブラリを取り込みます。

```
import pandas as pd
import matplotlib.pyplot as plt
import japanize_matplotlib
import seaborn as sns
```
コード5-1

```
df = pd.read_excel("data/chapter05.xlsx")
```
コード5-2

ドットで示された個々のデータの散らばりを見るだけでも広告費と売上高の関係はわかるのですが，もっとはっきりとした関係性を見るために，seaborn（snsという変数名で呼び出せるようにしています）の regplot() を使って**傾向線**を描いてみましょう。

```
sns.regplot(
    data=df,
    x="広告費",
    y="売上高",
    ci=None,
    line_kws={"color": "red"}
```
コード5-3

```
)
plt.grid()
```

引数 line_kws で線の色を赤に指定します。ci には None を指定して，傾向線を描くときに「信頼区間」(confidence interval) が描かれないようにします（初学者はあまり気にしなくて構いません。）

図 5-1 のようなグラフがカラーで出力されます。

正の相関がある場合には右上がりの直線（傾向線の傾きがプラス，つまり 0 より大きい）が描けます。

## 2 距離と売上高の傾向線

距離と売上高の関係性を見るために，コード 3 行目で x に「距離」を指定して傾向線を描いてみましょう。

```
sns.regplot(                                    コード 5-4
    data=df,
    x="距離",
    y="売上高",
    ci=None,
    line_kws={"color": "red"}
)
plt.grid()
```

図 5-2 のようなグラフが出力されます。

負の相関がある場合には右下がりの直線（傾向線の傾きがマイナス，つまり 0 より小さい）が描けます。

## 3 広告費と距離の傾向線

広告費と距離の関係性を見るために，傾向線を描いてみましょう。

**図 5-1　コード 5-3 の出力結果**

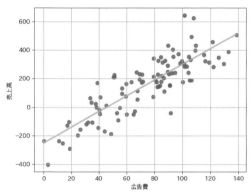

**図 5-2　コード 5-4 の出力結果**

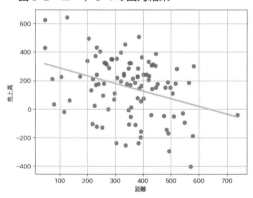

```
sns.regplot(
    data=df,
    x="広告費",
    y="距離",
    ci=None,
    line_kws={"color": "red"}
)
plt.grid()
```
コード 5-5

2　傾向線　　73

**図 5-3　コード 5-5 の出力結果**

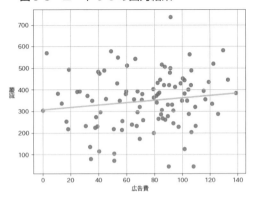

図 5-3 のようなグラフが出力されます。

ほとんど相関がない場合には水平な直線（傾向線の傾きが 0）に近くなります。

　単 回 帰

### 1　広告費と売上高の回帰式

広告費と売上高の関係（傾向線）を数値（もしくは数式）で表してみましょう。$x$ を広告費，$y$ を売上高とすると，傾向線は

$$y = ax + b$$

と中学校で学んだ 1 次関数の式で表せます。ここで，$a$ は傾向線の傾き，$b$ は $y$ 軸との切片です。Python や Excel などのソフトを使うと，実際のデータから当てはまりのよい傾向線の式（傾きと切片の値）を少しの手間で求めることができます。このように，変数の関係性を直線の式で表すことを**線形回帰**（linear regression）分析といい，その式は回帰式と呼

ばれます。

sklearn(事前にインストール済みのscikit-learnの略称)を使って,広告費と売上高の関係を数式で表してみます。

```
from sklearn.linear_model import LinearRegression

x = df[["広告費"]]
y = df[["売上高"]]

model = LinearRegression()
model.fit(x, y)

print(model.coef_)
print(model.intercept_)
print(model.score(x, y))
```
コード5-6

## 出力結果
[[5.50471155]]
[-250.99471334]
0.7211643562957983

model.coef_ が傾き(係数;coefficient)に,model.intercept_ が切片(intercept)に相当するため,両者の関係は,売上高=5.5×広告費−251という式で表されます(model.coefやmodel.interceptといったようにアンダースコア〔_〕を忘れるとエラーになるので注意してください)。たとえば,広告費が100万円なら,売上高は300万円(=5.5×100−251)くらいになります。「〇〇円くらい」というのは,あくまで目安だからです。

また,傾きである5.5は0より大きい値です。広告が多いほど,売上高が高いことになります。

最後のmodel.score(x, y)の数値0.72は**決定係数**(coefficient of determination)と呼ばれるもので,売上高の72%は広告費で説明できるという意味です(第9章も参照)。

## 2 距離と売上高の回帰式

最寄駅からの距離と売上高の関係を数値（もしくは数式）で表してみます。

```
x2 = df[["距離"]]
y = df[["売上高"]]

model = LinearRegression()
model.fit(x2, y)

print(model.coef_)
print(model.intercept_)
print(model.score (x2, y))
```
コード5-7

### ↳出力結果
[[-0.53805741]]
[342.37106892]
0.11378604772458878

1行目は x=df[["距離"]] と書いても問題ありませんが，そうすると変数 x を新たな値で上書きしてしまうことになるため，ここでは x2 という新しい変数を作っています。両者の関係は，売上高 = −0.5 × 距離 + 342 という式で表されます。たとえば，距離が100メートルなら売上高は292万円くらいになります。

傾きである −0.5 は 0 より小さい値です。最寄駅からの距離が離れるほど，売上高が低いことになります。

決定係数は 0.11 なので，売上高の 11% は距離で説明できます。距離が売上高に与える影響は，広告費ほど大きくないことになります。

# 4 重回帰

## 1 広告費・距離・売上高の3次元のグラフ

これまでは広告費と売上高，距離と売上高のように，売上高の関係性を別々に見てきました。ここからは広告費や距離と売上高の関係性を一緒に見てみましょう。

まず，matplotlib を使って，データの散らばり具合を3次元で描くことから始めます。

```
y = df[["売上高"]]
x1 = df[["広告費"]]
x2 = df[["距離"]]

fig = plt.figure()
ax = fig.add_subplot(projection="3d")

ax.scatter3D(x1, x2, y, c="red")

ax.set_title("売上高との関係")
ax.set_xlabel("広告費")
ax.set_ylabel("距離")
ax.set_zlabel("売上高")

ax.view_init(45, 45)
ax.set_box_aspect(aspect=None, zoom=0.8)
plt.show()
```
コード 5-8

図 5-4 のようなグラフが出力されます。

fig.add_subplot() の引数指定を projection="3d" とすることで，ax.scatter3D() に指定した x1，x2，y の3つの変数を3次元の散布図にプロットできます（図 5-4）。

### 図 5-4 コード 5-8 の出力結果

売上高との関係

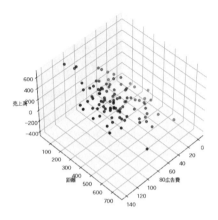

なお，コード5-8の1行目に %matplotlib tk を追加すると，グラフが別ウィンドウで開き，マウスでぐるぐる回して，いろいろな角度から眺められるようになります。

## 2 広告費・距離と売上高の関係式

広告費や最寄駅からの距離と売上高の関係を数値（もしくは数式）で表してみます。コード5-7 の x2 を，広告費と距離の2変数からなる z に変更してみます。

```
z = df[["広告費", "距離"]]

model = LinearRegression()
model.fit(z, y)

print(model.coef_)
print(model.intercept_)
print(model.score(z, y))
```
コード 5-9

## ↳出力結果

```
[[5.91163855 -0.73597869]]
[-25.10431468]
0.9301168582601064
```

　三者の関係は，売上高＝5.9×広告費－0.7×距離－25 という式で表されます。たとえば，広告費が50万円，距離が200 m ならば，売上高は130（＝5.9×50－0.7×200－25）万円くらいになると予測できます。

　傾きが5.9＞0 より，広告費が増えると売上高は増え，－0.7＜0 より距離が増えると売上高は減ります。

　決定係数は0.93 なので，広告費と距離によって売上高の93％（ほとんど）を説明できることになります。広告費だけでなく，距離のように，いろいろな要因を考慮すると，売上高をうまく説明できることがわかります。

### 練習問題

　ある商品の売上高に関するデータセット chapter05_exercise.xlsx を使って，次の問いを考えてみましょう。

**問1**　データセットにはどのような変数があるかを見てみましょう。

**問2**　縦軸を売上高，横軸を気温として傾向線を描いてみましょう。両者の関係性についてどのようなことがわかりますか。

**問3**　気温や最寄駅からの距離と売上高との関係を数式で表してみましょう。

$$売上高 = a \times 気温 + b \times 最寄駅からの距離 + c$$

としたとき，それぞれ $a, b, c$ はどのような数値になるでしょうか。

**問 4** 気温や最寄駅からの距離によって売上高の何 % が説明できるといえますか。

# 第6章

## データを特徴に応じて分類しよう
### 機械学習によるクラスタリング

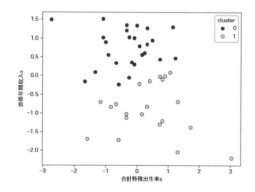

　都道府県を出生率や世帯収入の特徴量によってグループに分けるとどのような傾向があるでしょうか。たとえば，東日本と西日本で違いがあるのでしょうか。それとも，関東地方や九州地方のように，地方ごとに特徴のある分類ができるのでしょうか。本章ではクラスタリングという分類を学びます。

# 1 クラスタリング

大量のデータは，そのままでは何を意味しているかわからないことがあります。そこで，似たような性質のデータをまとめて分類（＝グループ化）することで，その手掛かりを得る手法が**クラスタリング**（clustering）です。クラスタリングは，大量のデータの特徴を要約して，グループごとにデータの特徴を解釈しやすくします。

イメージがわくように労務管理の事例を見てみましょう。たとえば，年齢，性別，欠勤日数などの勤務態度，勤続年数などのデータに基づいて，従業員を似たような性質のグループに分類したところ，2つのグループに分けられたとします。このとき，それぞれのグループで離職割合に違いがあり，グループ1は離職した人の割合が87％，グループ2では離職した人の割合が7％でした。このとき，グループ1は離職しやすい人のグループだと判断します。これで，グループごとにデータの特徴を解釈しやすくなりました。

このように，データの特徴がわかれば，活用法が見えてきます。グループ1に属する人の特性を調べて，欠勤日数が多かったり，25歳未満だったりしていれば，そういった従業員が離職しやすいと考えて，彼らには通常よりも多くの声掛けを行うなど，離職を防ぐような手立てを講じることができます。

データの分類（＝グループ化）がクラスタリングですので，労務管理に限らず，マーケティングを含めたビジネスからいろいろな分野の研究まで幅広く活用できます。似たような購買パターンごとに顧客をグループに分け，グループの特性にあったマーケティング戦略を採用するといった具合です。

セグメンテーション（分類）の代表例とされるクラスタリングですが，

どのように分類するか最初からはわかっていません。このため、**機械学習**のうちにおいては、(最初から正解である分類がわかっていないという意味で) 教師なし学習に分類されます。

## 2 グループに分ける

### 1 データの取り込み

クラスタリングを行うために、必要なライブラリをインストールしましょう。そして、データ (data フォルダ内の Excel ファイル chapter06.xlsx) を取り込みます。

```
import pandas as pd
from sklearn.cluster import KMeans
from sklearn.preprocessing import StandardScaler
import matplotlib.pyplot as plt
import seaborn as sns
import japanize_matplotlib
```
コード 6-1

```
birth = pd.read_excel("data/chapter06.xlsx")
birth_clust = birth[["合計特殊出生率", "世帯年間収入"]]
birth_clust.head()
```
コード 6-2

(注) データソースは、厚生労働省「都道府県別にみた合計特殊出生率の年次推移」および総務省「全国家計構造調査 1世帯当たりの年間収入額 (千円)」。

変数 birth_clust は、使用する「合計特殊出生率」「世帯年間収入」だけ抜き出したものです。head() を使うことで、データフレームの先頭数行を表示できます (表示したい行数があらかじめ決まっている場合は括弧内にその数字を指定します)。

↳ **出力結果**（先頭5行）

|   | 合計特殊出生率 | 世帯年間収入 |
|---|---|---|
| 0 | 1.19 | 4488 |
| 1 | 1.28 | 4952 |
| 2 | 1.39 | 5282 |
| 3 | 1.27 | 5702 |
| 4 | 1.31 | 5274 |

## 2 グループ分け

都道府県を性質の似た2つのグループに分けます。

```
# ステップ1
sc = StandardScaler()
birth_clust_sc = sc.fit_transform(birth_clust)

# ステップ2
clusmodel = KMeans(
    n_clusters=2,
    n_init=10,
    random_state=0
)
clusters = clusmodel.fit(birth_clust_sc)
birth_clust["cluster"] = clusters.labels_

birth_clust.head()
```

コード 6-3

#から始まる行は「コメント」です。コードの実行上無視されるのでメモなどとして使えます。

**ステップ1**

合計特殊出生率（パーセント）と世帯年間収入（千円）では単位が違うので、sc.fit_transform() を使ってそれを調整します（平均0，分散1に正規化〔標準化〕するといいます）。

**ステップ2**

KMeans()を使って性質の似た2つのグループに分け、データに追加します。

random_state=0 は、**乱数**のシード指定です。乱数とは、規則性がなくて予測できない数値です（第9章も参照）。シードは「種」の意味で、乱数を作るときの初期状態として設定する数値です。0以外にもいろいろあります。乱数シードを指定することで、毎回同じ乱数が生成されるため結果が再現できるようになります。

再現できない＝毎回違う結果では、場合によっては不都合だからです。たとえば、いくつかの分析結果を比較できません。たまたま分析がうまくいった（もしくはいかなかった）のかもしれないからです。

**⌙出力結果**（先頭5行）

|   | 合計特殊出生率 | 世帯年間収入 | cluster |
|---|---|---|---|
| 0 | 1.19 | 4488 | 1 |
| 1 | 1.28 | 4952 | 1 |
| 2 | 1.39 | 5282 | 1 |
| 3 | 1.27 | 5702 | 0 |
| 4 | 1.31 | 5274 | 0 |

それぞれ0か1の2つのグループに分類されています。

## 3 KMeans()では何をしているのか*

少し難しいかもしれないので興味のある方だけお読みください。KMeans()では適当な初期値から始めて試行錯誤してグループ分けをします。このとき、「重心」（中心となる点のこと；図6-1）からの距離が近いほど同じグループと考えます。

その過程は、最初にランダムに（＝適当に）重心の位置を決め（＝初期値）、そこから各グループ内の平均値を新たな重心としてアップデート

### 図 6-1　グループ分けにおける「重心」

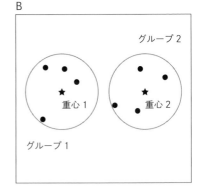

することを繰り返して，グループを分けていくのです。各引数は，

- n_clusters——グループ数（ここでは2を指定なので，2個の重心となります）
- n_init——重心の初期値を変えて試行する回数（10は以前のデフォルト回数）
- random_state——重心の初期値に関する設定

という意味です。グループ内のデータの重心はセントロイドと呼ばれています。

---

よくある質問

**出力が違う結果になります。大丈夫でしょうか？**

「この本のコードは自分の知っているコードの書き方と違います」と同じくらい大変よくある質問です。

結論から言うと，まったく同じ出力でなくてもなんらかの出力が出ていれば大丈夫です。たとえば，お使いの環境（含むバージョン）の違いといったちょっとしたことで結果が変わることがあります。また，前述の random_state の設定のようなことで結果が変わる場合もあります。

同じ出力でないからと不安になったり，イライラしたりする方もいるでしょう。ただ，全然違う解釈をもたらす結果でない限り，あまり神経質にならないでください。データを分析する目的は，分析後の解釈にあることが多いですから。

入門の入門である本書の主眼は，とりあえずはじめの1歩を踏み出すことにより，プログラミングに対するハードルを低くすることです。仮に，まったく同じ結果が出力されなくてもあまり気にしないようにしましょう。

これはスポーツの楽しさを知るのにとりあえずゲームに参加することに似ています。正しいフォームとかグリップの持ち方とか細かいことを気にしていたらゲームを楽しめませんよね。

できるだけ本質とは関係ないところに目を向けずに，プログラミングに対するアレルギーを取り除ければと思っています。

---

### よくある質問

**出力はされますが，警告文（FutureWarning や UserWarning）が出ます。大丈夫でしょうか？**

出力されていれば，最初のうちは気にしなくても構いません。警告文はお使いの環境（含むバージョン）の違いなどで出たり出なかったりすることがあります（そのために動作環境を確認したバージョンの情報が本書冒頭に示されています）。

少し慣れてきたら，警告文の意味を考えてみましょう。たとえば，筆者の環境では問題がなかったのですが，編集部の端末で KMeans を使ったときには警告文（FutureWarning）が出たそうです。将来的に n_init という引数を省略できなくなるというものでした。そのため，n_init=10 という部分を追加しました。以前は書かなくてもよかった部分です。

余談ですが，scikit-learn などのバージョンアップにより以前は問題がなかったコードに警告文が出るのはよくあることです。Python を解説するウェブページや出版されて間もない本のコードを使った場合でもしばしば見受けられます。いわゆる「あるある」なので，柔軟に対応するようにしましょう。

scikit-learn などを本書冒頭に示したバージョンにすると，本書の内容に近

い結果を再現できます(バージョンの指定方法は「Python ライブラリ バージョン指定」などと検索してみましょう)。

## 4 グループの平均値

それぞれのグループの特徴を平均値で見ましょう。

```
birth_clust.groupby("cluster").mean()
```
コード6-4

↳ 出力結果（グループの平均値）

| cluster | 合計特殊出生率 | 世帯年間収入 |
|---|---|---|
| 0 | 1.344231 | 5802.038462 |
| 1 | 1.426667 | 4914.666667 |

グループ0は，グループ1より，平均世帯年間収入が高く，平均合計特殊出生率が低くなっています。

## 5 図の描き方

図を描くための下準備をします。

```
col = [
    "合計特殊出生率 s",
    "世帯年間収入 s"
]

df = pd.DataFrame(birth_clust_sc, columns=col)
df.head()
```
コード6-5

正規化したものをデータフレームに入れます。columns は列名です。元データから区別できるように末尾に s を入れています。

### ↳ 出力結果（先頭5行）

|   | 合計特殊出生率 s | 世帯年間収入 s |
|---|---|---|
| 0 | -1.574334 | -1.697093 |
| 1 | -0.832749 | -0.838885 |
| 2 | 0.073633 | -0.228522 |
| 3 | -0.915147 | 0.548304 |
| 4 | -0.585554 | -0.243319 |

次にconcat()を使って正規化したデータを元のデータに追加します。axisは第2章でも学んだように連結方法の指定を表していて、1だと横方向に連結します（コードで指定しないとデフォルトの0が適用されて縦方向の連結となります）。

```
birth_clust2 = pd.concat(
    [birth_clust, df],
    axis=1
)
birth_clust2.head()
```
コード6-6

### ↳ 出力結果（先頭5行）

|   | 合計特殊出生率 | 世帯年間収入 | cluster | 合計特殊出生率 s | 世帯年間収入 s |
|---|---|---|---|---|---|
| 0 | 1.19 | 4488 | 1 | -1.574334 | -1.697093 |
| 1 | 1.28 | 4952 | 1 | -0.832749 | -0.838885 |
| 2 | 1.39 | 5282 | 1 | 0.073633 | -0.228522 |
| 3 | 1.27 | 5702 | 0 | -0.915147 | 0.548304 |
| 4 | 1.31 | 5274 | 0 | -0.585554 | -0.243319 |

図に描いてみましょう。cluster（0または1）で分類します。hue（色分け）はcluster列に従うように設定しています。

図 6-2 コード 6-7 の出力結果

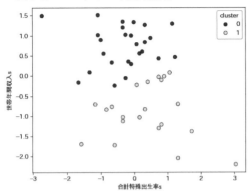

```
sns.scatterplot(
    x="合計特殊出生率 s",
    y="世帯年間収入 s",
    hue="cluster",
    data=birth_clust2
)
```
コード 6-7

　図6-2のグラフのように出力されます（以下，本章の図は，クラスタを見分けやすくするために各ドットに輪郭線を描画する処理を加えています）。

　おおまかに，世帯所得収入が多いグループ0と少ないグループ1に分かれているように見えます。

　ここからは応用なのですが，グループ0と1に対応する都道府県を見てみると，面白いことに，西日本の府県はグループ1，東日本の都道府県はグループ0の傾向があります（表6-1）。

　なお，表6-1と同じ内容は，以下のコードを入力すると出力できます。第2章で学んだ内容の応用です。

**表 6-1 都道府県のグループ分け（2グループ）**

|    | cluster | 都道府県 |    | cluster | 都道府県 |    | cluster | 都道府県 |
|----|---------|----------|----|---------|----------|----|---------|----------|
| 0  | 1 | 北海道 | 16 | 0 | 石川   | 32 | 0 | 岡山   |
| 1  | 1 | 青森   | 17 | 0 | 福井   | 33 | 1 | 広島   |
| 2  | 1 | 岩手   | 18 | 0 | 山梨   | 34 | 1 | 山口   |
| 3  | 0 | 宮城   | 19 | 0 | 長野   | 35 | 1 | 徳島   |
| 4  | 0 | 秋田   | 20 | 0 | 岐阜   | 36 | 1 | 香川   |
| 5  | 0 | 山形   | 21 | 0 | 静岡   | 37 | 1 | 愛媛   |
| 6  | 1 | 福島   | 22 | 0 | 愛知   | 38 | 1 | 高知   |
| 7  | 0 | 茨城   | 23 | 0 | 三重   | 39 | 1 | 福岡   |
| 8  | 0 | 栃木   | 24 | 0 | 滋賀   | 40 | 1 | 佐賀   |
| 9  | 0 | 群馬   | 25 | 0 | 京都   | 41 | 1 | 長崎   |
| 10 | 0 | 埼玉   | 26 | 1 | 大阪   | 42 | 1 | 熊本   |
| 11 | 0 | 千葉   | 27 | 0 | 兵庫   | 43 | 1 | 大分   |
| 12 | 0 | 東京   | 28 | 0 | 奈良   | 44 | 1 | 宮崎   |
| 13 | 0 | 神奈川 | 29 | 1 | 和歌山 | 45 | 1 | 鹿児島 |
| 14 | 0 | 新潟   | 30 | 1 | 鳥取   | 46 | 1 | 沖縄   |
| 15 | 0 | 富山   | 31 | 1 | 島根   |    |   |        |

```
pref = birth["都道府県"]                              コード 6-8
birth_clust_c2 = pd.concat(
    [birth_clust2, pref],
    axis=1
)
birth_clust_c2 = birth_clust_c2.drop(
    columns=[
        "合計特殊出生率",
        "世帯年間収入",
        "合計特殊出生率 s",
        "世帯年間収入 s"
    ]
)
birth_clust_c2
```

これまでの手順をまとめてみましょう。

1. 正規化した出生率と年収に基づいてグループを分ける（コード 6-3）
2. グループの平均値を確認する（コード 6-4）

3. 正規化した出生率と年収をデータフレームに格納する（コード6-5）
4. 正規化したデータを元のデータと統合する（コード6-6）
5. 正規化したデータをもとに散布図を描く（コード6-7）
6. 各都道府県のグループ分けを表示する（コード6-8）

ただ，これだけでは十分な分析とはいえないかもしれません。合計特殊出生率は，極端な値（図中の3と-3といった外れ値）を除けば，両グループでそれほど差がないようにも感じます。

そこで，グループ数をさらに増やして分析を進めてみましょう。基本的に手順は上記と同じです。

## 3 グループに分ける

### 1 グループ分け

都道府県を性質の似た3つのグループに分けます。

```
clusmodel3 = KMeans(                            コード6-9
    n_clusters=3,
    n_init=10,
    random_state=0
)
clusters = clusmodel3.fit(birth_clust_sc)
birth_clust["cluster3"] = clusters.labels_
birth_clust.head()
```

n_clusters を 2 から 3 に変えると 3 つのグループになります。

⌢ **出力結果**（先頭5行）

|   | 合計特殊出生率 | 世帯年間収入 | cluster | cluster3 |
|---|---|---|---|---|
| 0 | 1.19 | 4488 | 1 | 0 |

| | | | | |
|---|---|---|---|---|
| **1** | 1.28 | 4952 | 1 | 0 |
| **2** | 1.39 | 5282 | 1 | 0 |
| **3** | 1.27 | 5702 | 0 | 1 |
| **4** | 1.31 | 5274 | 0 | 0 |

　最終行の head() を消してデータフレームの全体を出力すると，cluster3 の列に 0，1，2 の 3 種類が表示されます。

### 2　グループの平均値

　それぞれのグループの特徴を平均値で見ましょう。

```
birth_clust.groupby("cluster3").mean()
```
コード 6-10

**出力結果**（平均値）

| | 合計特殊出生率 | 世帯年間収入 | cluster |
|---|---|---|---|
| **cluster3** | | | |
| **0** | 1.296154 | 5008.846154 | 0.692308 |
| **1** | 1.350476 | 5894.380952 | 0.000000 |
| **2** | 1.515385 | 5012.615385 | 0.923077 |

　グループ 1 は世帯年間収入が多いグループです。グループ 0 と 2 の世帯年間収入は同じような額ですが，グループ 0 の合計特殊出生率は低く，グループ 2 の合計特殊出生率は高くなっています。

### 3　図の描き方

　図に描いてみましょう。

```
birth_clust3 = pd.concat(
    [birth_clust, df],
    axis=1
)
birth_clust3.head()
```
コード6-11

## 出力結果（先頭5行）

|   | 合計特殊出生率 | 世帯年間収入 | cluster | cluster3 | 合計特殊出生率 s |
|---|---|---|---|---|---|
| 0 | 1.19 | 4488 | 1 | 0 | -1.574334 |
| 1 | 1.28 | 4952 | 1 | 0 | -0.832749 |
| 2 | 1.39 | 5282 | 1 | 0 | 0.073633 |
| 3 | 1.27 | 5702 | 0 | 1 | -0.915147 |
| 4 | 1.31 | 5274 | 0 | 0 | -0.585554 |

| 世帯年間収入 s |
|---|
| -1.697093 |
| -0.838885 |
| -0.228522 |
| 0.548304 |
| -0.243319 |

```
sns.scatterplot(
    x="合計特殊出生率 s",
    y="世帯年間収入 s",
    hue="cluster3",
    data=birth_clust3
)
```
コード6-12

図6-3のグラフのように出力されます。

## 4 グループ分けの結果

都道府県ごとにグループ分けの結果を見ます。

**図 6-3  コード 6-12 の出力結果**

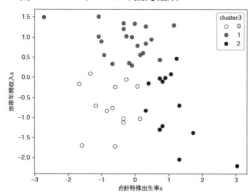

```
birth_clust_d3 = pd.concat(
    [birth_clust3, pref],
    axis=1
)
birth_clust_d3.head()
```
コード 6-13

元のデータにあった都道府県の情報（列）を取り出し，分析結果のデータに追加します。

**出力結果**（先頭5行）

| | 合計特殊出生率 | 世帯年間収入 | cluster | cluster3 |
|---|---|---|---|---|
| 0 | 1.19 | 4488 | 1 | 0 |
| 1 | 1.28 | 4952 | 1 | 0 |
| 2 | 1.39 | 5282 | 1 | 0 |
| 3 | 1.27 | 5702 | 0 | 1 |
| 4 | 1.31 | 5274 | 0 | 0 |

| 合計特殊出生率 s | 世帯年間収入 s | 都道府県 |
|---|---|---|
| -1.574334 | -1.69709 | 北海道 |

3  3 グループに分ける  95

| | | |
|---|---|---|
| −0.832749 | −0.83889 | 青森 |
| 0.073633 | −0.22852 | 岩手 |
| −0.915147 | 0.548304 | 宮城 |
| −0.585554 | −0.24332 | 秋田 |

さらに，4つの変数に絞ります。

```
birth_clust_d32 = birth_clust_d3[[
    "合計特殊出生率",
    "世帯年間収入",
    "cluster3",
    "都道府県"
]]
birth_clust_d32.head()
```

コード 6-14

**出力結果**（先頭5行）

| | 合計特殊出生率 | 世帯年間収入 | cluster3 | 都道府県 |
|---|---|---|---|---|
| 0 | 1.19 | 4488 | 0 | 北海道 |
| 1 | 1.28 | 4952 | 0 | 青森 |
| 2 | 1.39 | 5282 | 0 | 岩手 |
| 3 | 1.27 | 5702 | 1 | 宮城 |
| 4 | 1.31 | 5274 | 0 | 秋田 |

世帯所得収入が多いグループ1と少ないグループ0および2に分かれるだけでなく，世帯所得収入は変わらないものの合計特殊出生率が低いグループ0と合計特殊出生率が高いグループ2に分かれていることは事前に確認した通りです。

東側の都道府県はだいたいグループ1に，西側の都道府県がグループ0と2に分かれたようです（表6-2）。ちなみに，3つに分類してその中身を収入と出生率の違いで特徴づけたのであり，収入・出生率の違い（2×2=4グループ）から分類したわけではありません。

**表6-2 都道府県のグループ分け（3グループ）**

| | cluster3 | 都道府県 | | cluster3 | 都道府県 | | cluster3 | 都道府県 |
|---|---|---|---|---|---|---|---|---|
| 0 | 0 | 北海道 | 16 | 1 | 石川 | 32 | 1 | 岡山 |
| 1 | 0 | 青森 | 17 | 1 | 福井 | 33 | 2 | 広島 |
| 2 | 0 | 岩手 | 18 | 0 | 山梨 | 34 | 2 | 山口 |
| 3 | 1 | 宮城 | 19 | 1 | 長野 | 35 | 0 | 徳島 |
| 4 | 0 | 秋田 | 20 | 1 | 岐阜 | 36 | 2 | 香川 |
| 5 | 1 | 山形 | 21 | 1 | 静岡 | 37 | 0 | 愛媛 |
| 6 | 2 | 福島 | 22 | 1 | 愛知 | 38 | 0 | 高知 |
| 7 | 1 | 茨城 | 23 | 1 | 三重 | 39 | 0 | 福岡 |
| 8 | 1 | 栃木 | 24 | 1 | 滋賀 | 40 | 2 | 佐賀 |
| 9 | 1 | 群馬 | 25 | 0 | 京都 | 41 | 2 | 長崎 |
| 10 | 1 | 埼玉 | 26 | 0 | 大阪 | 42 | 2 | 熊本 |
| 11 | 1 | 千葉 | 27 | 1 | 兵庫 | 43 | 2 | 大分 |
| 12 | 1 | 東京 | 28 | 0 | 奈良 | 44 | 2 | 宮崎 |
| 13 | 1 | 神奈川 | 29 | 0 | 和歌山 | 45 | 2 | 鹿児島 |
| 14 | 1 | 新潟 | 30 | 2 | 鳥取 | 46 | 2 | 沖縄 |
| 15 | 1 | 富山 | 31 | 2 | 島根 | | | |

なお，表6-2と同じ内容は，以下のコードを入力すると出力できます。

```
birth_clust_d33 = birth_clust_d32.drop(
    columns=["合計特殊出生率","世帯年間収入"]
)
birth_clust_d33
```
コード6-15

さらに分析を進めてみましょう。

## 4 4グループに分ける

### 1 グループ分け

都道府県を性質の似た4つのグループに分けます。

```
clusmodel4 = KMeans(
    n_clusters=4,
    n_init=10,
    random_state=0
)
clusters = clusmodel4.fit(birth_clust_sc)
birth_clust["cluster4"] = clusters.labels_

birth_clust.head()
```

コード6-16

**出力結果**(先頭5行)

|   | 合計特殊出生率 | 世帯年間収入 | cluster | cluster3 | cluster4 |
|---|---|---|---|---|---|
| 0 | 1.19 | 4488 | 1 | 0 | 3 |
| 1 | 1.28 | 4952 | 1 | 0 | 3 |
| 2 | 1.39 | 5282 | 1 | 0 | 2 |
| 3 | 1.27 | 5702 | 0 | 1 | 1 |
| 4 | 1.31 | 5274 | 0 | 0 | 3 |

### 2 グループの平均値

それぞれのグループの特徴を平均値で見ましょう。

```
birth_clust.groupby("cluster4").mean()
```

コード6-17

**出力結果**(グループの平均値)

|  | 合計特殊出生率 | 世帯年間収入 | cluster | cluster3 |
|---|---|---|---|---|
| **cluster4** | | | | |
| 0 | 1.561667 | 4608.166667 | 1.00000 | 2.000000 |
| 1 | 1.222500 | 5790.375000 | 0.00000 | 0.750000 |
| 2 | 1.418696 | 5714.869565 | 0.26087 | 1.173913 |
| 3 | 1.313000 | 4864.700000 | 0.90000 | 0.200000 |

グループ0は世帯年間収入が低く合計特殊出生率が高いグループ,グループ1は世帯年間収入が高く合計特殊出生率が低いグループ,グルー

プ 2 は世帯年間収入も合計特殊出生率も高いグループ，グループ 3 は世帯年間収入も合計特殊出生率も低いグループです。

### 3 図の描き方

図に描いてみましょう。

```
birth_clust4 = pd.concat(
    [birth_clust, df],
    axis=1
)
birth_clust4.head()
```

コード 6-18

**出力結果**（先頭 5 行）

| | 合計特殊出生率 | 世帯年間収入 | cluster | cluster3 | cluster4 |
|---|---|---|---|---|---|
| 0 | 1.19 | 4488 | 1 | 0 | 3 |
| 1 | 1.28 | 4952 | 1 | 0 | 3 |
| 2 | 1.39 | 5282 | 1 | 0 | 2 |
| 3 | 1.27 | 5702 | 0 | 1 | 1 |
| 4 | 1.31 | 5274 | 0 | 0 | 3 |

| 合計特殊出生率 s | 世帯年間収入 s |
|---|---|
| -1.574334 | -1.697093 |
| -0.832749 | -0.838885 |
| 0.073633 | -0.228522 |
| -0.915147 | 0.548304 |
| -0.585554 | -0.243319 |

```
sns.scatterplot(
    x="合計特殊出生率 s",
    y="世帯年間収入 s",
    hue="cluster4",
    data=birth_clust4
)
```

コード 6-19

図 6-4 コード 6-19 の出力結果

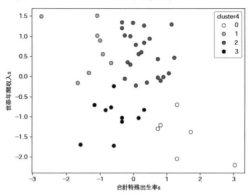

図 6-4 のグラフのように出力されます。

### 4 グループ分けの結果

都道府県ごとにグループ分けの結果を見ます。

```
birth_clust_e = pd.concat(
    [birth_clust4, pref],
    axis=1
)
birth_clust_e.head()

birth_clust_e2 = birth_clust_e[[
    "合計特殊出生率",
    "世帯年間収入",
    "cluster4",
    "都道府県"
]]
birth_clust_e2.head()
```
コード 6-20

↳ **出力結果**（先頭5行）

| | 合計特殊出生率 | 世帯年間収入 | cluster4 | 都道府県 |
|---|---|---|---|---|
| 0 | 1.19 | 4488 | 3 | 北海道 |
| 1 | 1.28 | 4952 | 3 | 青森 |
| 2 | 1.39 | 5282 | 2 | 岩手 |
| 3 | 1.27 | 5702 | 1 | 宮城 |
| 4 | 1.31 | 5274 | 3 | 秋田 |

- グループ0：九州地方――世帯年間収入が低く，合計特殊出生率が高いグループ
- グループ1：関東地方――世帯年間収入が高く，合計特殊出生率は低いグループ
- グループ2：東北の一部，中部，中国地方――世帯年間収入も合計特殊出生率も高いグループ
- グループ3：北海道，東北の一部，四国地方――世帯年間収入も合計特殊出生率も低いグループ

近畿地方はグループ1，2，3に分かれることもわかります。

また，コード6-17で見たように，以下のようになっていました。

- 世帯年間収入

  グループ0＜グループ3＜グループ2＜グループ1

- 合計特殊出生率

  グループ1＜グループ3＜グループ2＜グループ0

都道府県のクラスタは表6-3の通りとなります。なお，表6-3と同じ内容は，以下のコードを入力すると出力できます。

```
birth_clust_e3 = birth_clust_e2.drop(
    columns=["合計特殊出生率", "世帯年間収入"]
)
birth_clust_e3
```

コード6-21

表 6-3　都道府県のグループ分け (4 グループ)

|  | cluster4 | 都道府県 |  | cluster4 | 都道府県 |  | cluster4 | 都道府県 |
|---|---|---|---|---|---|---|---|---|
| 0 | 3 | 北海道 | 16 | 2 | 石川 | 32 | 2 | 岡山 |
| 1 | 3 | 青森 | 17 | 2 | 福井 | 33 | 2 | 広島 |
| 2 | 2 | 岩手 | 18 | 2 | 山梨 | 34 | 3 | 山口 |
| 3 | 1 | 宮城 | 19 | 2 | 長野 | 35 | 3 | 徳島 |
| 4 | 3 | 秋田 | 20 | 2 | 岐阜 | 36 | 2 | 香川 |
| 5 | 2 | 山形 | 21 | 2 | 静岡 | 37 | 3 | 愛媛 |
| 6 | 2 | 福島 | 22 | 2 | 愛知 | 38 | 3 | 高知 |
| 7 | 2 | 茨城 | 23 | 2 | 三重 | 39 | 3 | 福岡 |
| 8 | 2 | 栃木 | 24 | 2 | 滋賀 | 40 | 2 | 佐賀 |
| 9 | 2 | 群馬 | 25 | 1 | 京都 | 41 | 0 | 長崎 |
| 10 | 1 | 埼玉 | 26 | 3 | 大阪 | 42 | 0 | 熊本 |
| 11 | 1 | 千葉 | 27 | 1 | 兵庫 | 43 | 0 | 大分 |
| 12 | 1 | 東京 | 28 | 1 | 奈良 | 44 | 0 | 宮崎 |
| 13 | 1 | 神奈川 | 29 | 3 | 和歌山 | 45 | 0 | 鹿児島 |
| 14 | 2 | 新潟 | 30 | 2 | 鳥取 | 46 | 0 | 沖縄 |
| 15 | 2 | 富山 | 31 | 2 | 島根 |  |  |  |

### 練習問題

都道府県別の人口に占める男性比率と世帯年間収入に関するデータセット chapter06_exercise.xlsx を使って，次の問いを考えてみましょう。データソースは，総務省の「人口推計」および「全国家計構造調査」です。

**問 1**　データセットの長さを調べます。人口に占める男性比率と世帯年間収入の組み合わせがいくつ（＝何行）あるでしょうか。

また，1 行目の人口に占める男性比率と世帯年間収入の数値を答えましょう。ただし，人口に占める男性比率は全人口を 1 とした場合の比率，世帯年間収入の単位は千円とします。

**問 2**　データを正規化して，性質の似た 2 つのグループに分け，それぞれのグループの特徴を平均値で見ましょう。

**問 3** 正規化したデータを使い,横軸を男性比率,縦軸を世帯年間収入として,散布図を描きましょう。このとき,グループごとに色を変えましょう。

**問 4** 性質の似た 3 つのグループに分け,それぞれのグループの特徴を平均値で見ましょう。
　正規化したデータを使い,横軸を男性比率,縦軸を世帯年間収入として,散布図を描きましょう。このとき,グループごとに色を変えましょう。

**問 5** 性質の似た 4 つのグループに分け,それぞれのグループの特徴を平均値で見ましょう。
　正規化したデータを使い,横軸を男性比率,縦軸を世帯年間収入として,散布図を描きましょう。このとき,グループごとに色を変えましょう。

# 第7章

# データの規則性を探って将来を予測しよう①

決定木（ディシジョン・ツリー）

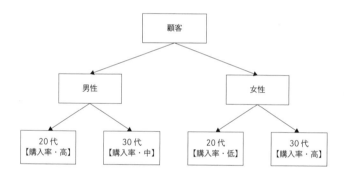

　販売促進に顧客データを活用してみましょう。たとえば、購入する可能性のない人よりも、購入する可能性のある人に無料お試しサンプルを提供すれば無駄がありません。そこで、どのような人が購入しやすいかを予測する1つの方法を見ていきます。どのような条件が当てはまる人が購入しやすいのかを分析するわけです。

# 1 決定木

　データ内の規則性や関係性を調べる手法の1つが**決定木**（ディシジョン・ツリー）です。いろいろな要素と結果の関係性を考える点は回帰分析と同じですが、回帰分析の予測結果は数値（連続変数）であるのに対し、決定木の予測結果はグループ（離散変数）である点が違います。

　第1章に示したように、連続変数とは、間に無限に値がある数値（例：身長170.23……cmのように170と171の間には無限に値がある）であり、離散変数とは間に値がない数値（例：箱の個数は1個、2個。1と2の間に1.23個はない）です。平たくいえば、決定木では、いろいろな要素の条件に基づいて、結果をグループ1、グループ2、グループ3のように分類するのが特徴です。

　たとえば、性別、年齢、婚姻、学歴、欠勤日数、勤続年数などの特性から、離職しやすいのはどのような人たちかを調べるのは労務管理への適用事例です。欠勤日数が月○日以上で、勤続年数□年以内、未婚で△～△歳だと離職しやすいといった具合です。

　図7-1では、決定木を用いて離職しやすい特性を見つけるための分類例を示しています（図を見ると木のようにも見えますね）。決定木では、欠勤日数や勤続年数などの特性で労働者を分類していき、どの特性が離職率に影響を与えているかを明らかにすることができます。決定木を使わないと、どの特性が重要であるかは、勘に頼らざるをえません。しかし、決定木を用いることで、特性をもとに結果を予測する精度を上げることができるようになります。

　幸福度研究にも適用できます。飲酒や喫煙の習慣、睡眠時間、婚姻、就業形態、性別、年齢などの個人の特性から幸福度の高い人はどのような人たちかを予測します。睡眠時間が○時間以上で、喫煙の習慣がなく、

図7-1 決定木のイメージ

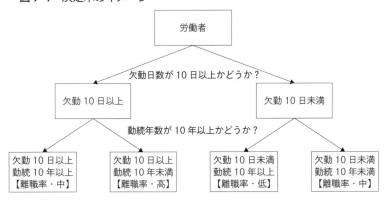

△〜△歳の人は幸福度が高いといった具合です。

また，1日のネット閲覧時間が○時間以上で，△〜△歳の男性は，購入の可能性が高いというふうにターゲットを抽出できれば，マーケティングにも活用できます。こうした人たちのネット閲覧中に，特定の商品やサービスのポップ広告を出すのです。

さらに身近なところでは，スパムメールの分別にも利用できます。ごく単純な例では，メールに「無料」や「アカウント停止」「緊急」「カード情報更新」などの文字があれば，スパムメールと分類します。

学術論文ではあまり目にすることのない決定木による分析ですが，実務的にはいろいろと応用が利くことがわかります。

 決定木による分類の準備

## 1 データの取り込み

商品Aの購入データ（dataフォルダ内のExcelファイルchapter07.xlsx）を取り込みます。

```
import pandas as pd
from sklearn.tree import DecisionTreeClassifier
import sklearn.model_selection

from sklearn.tree import plot_tree
import matplotlib.pyplot as plt
import japanize_matplotlib

import seaborn as sns
```

コード7-1

```
X = pd.read_excel("data/chapter07.xlsx")
X.head()
```

コード7-2

## 出力結果

|   | 年齢 | 日照時間 | 購入 |
|---|---|---|---|
| 0 | 13.894450 | 14.513776 | 1 |
| 1 | 12.042179 | 14.694753 | 1 |
| 2 | 8.250391 | 20.162030 | 1 |
| 3 | 46.265285 | 4.315196 | 2 |
| 4 | 31.819373 | 15.986628 | 1 |

行は個人を表し,たとえば,0行目(夏目さん)は年齢が13歳,住んでいる地域の日照時間が14時間です。同様に,4行目(樋口さん)は年齢が31歳,住んでいる地域の日照時間が15時間です。

購入の列は購入履歴で,1は1回購入,2は2回以上購入(=リピーター),そして,上記の出力結果では現れませんが,0は購入したことがないとします。

## 2 データの確認と図の表示

```
len(X)
```

コード7-3

108 第**7**章 データの規則性を探って将来を予測しよう①

↳ 出力結果

250

250人のデータがあることがわかります。

分析を始める前に，データを図で示してみます。

```
sns.scatterplot(
    x="年齢",
    y="日照時間",
    hue="購入",
    data=X
)
```
コード7-4

図7-2のようなグラフが出力されます（各グループを見分けやすくするために各ドットに輪郭線を描画する処理を加えています）。

購入傾向によって，それぞれのグループ（0，1，2）の点がまとまっています。グループ0は購入したことがない人，グループ1は1回購入した人，グループ2はリピーターです。

**図7-2　コード7-4の出力結果**

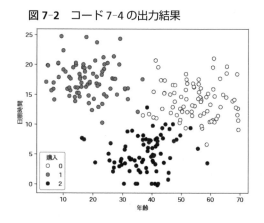

年齢や日照時間によって，購入のパターンが予測できそうです。

> **たまにある質問**
>
> 日照時間や年齢と関係がある商品にピンときません。
>
> 日焼けに関連する化粧品やサプリなどを思い浮かべてみてはどうでしょう。
>
> 今回のデータを描いた上記の散布図を見ると，高齢者は商品 A を購入しない傾向があります。高齢になると若いときほど日焼けを気にしなくなるのであれば，商品 A を日焼けに関連する化粧品やサプリと考えてもよさそうです。
>
> また，30～50 歳の人たちがグループ 2（リピーター）に多くいます。シミが気になりだす中年層が商品をよく購入していると考えるとどうでしょうか。
>
> なお，上記の例では，日照時間を厳密な意味でなく，顧客が 1 日に日光を浴びている時間くらいに考えれば，シミを気にする中年層が日光を避けている（＝中年層の日照時間が短い）傾向とも整合性がとれます。

## 3 データの整理

では，分析に必要なデータの整理から始めます（分析用の架空のデータですので，現実にはありえない値も設定しています）。

```
y = X["購入"]
X2 = X.copy().drop ("購入", axis=1)
X2
```
コード 7-5

### ↳ 出力結果

|   | 年齢 | 日照時間 |
|---|---|---|
| 0 | 13.894450 | 14.513776 |
| 1 | 12.042179 | 14.694753 |
| 2 | 8.250391 | 20.162030 |
| 3 | 46.265285 | 4.315196 |
| 4 | 31.819373 | 15.986628 |

|     |           |           |
| --- | --------- | --------- |
|     | ⋮         | ⋮         |
| 245 | 25.986892 | 6.795635  |
| 246 | 13.323766 | 19.502334 |
| 247 | 40.279118 | 3.854857  |
| 248 | 12.460022 | 17.637438 |
| 249 | 51.556313 | 9.338907  |

　データXには，年齢，日照時間，購入履歴の3つの列がありますが（型はデータフレーム），購入履歴だけをとりだしてデータyとします。そして，drop()を使ってデータXから購入の列を削除してデータX2をつくります（copy()を1回挟んでいるのは，元となるXのデータフレーム構造を変更してしまわないようにとの配慮です）。

　年齢と日照時間（データX2）から，どのような購入傾向があるか（データy）を分類するために必要な手続きです。

　決定木を用いた分析を始める前に，scikit-learn（sklearn）のtrain_test_split()を使って，データX2とデータyをさらに学習用（●●_train）と評価用（●●_test）に分けます。今までにない書き方ですが，Pythonではこのように複数の変数に一括で値をセットすることができます。

```
[
    X_train,
    X_test,
    y_train,
    y_test
] = sklearn.model_selection.train_test_split(
    X2, y, random_state=0
)
```

コード7-6

　引数random_stateに0を指定することでランダムに学習用と評価用に分類します。人によって，学習用のことを訓練用と言ったり，評価用

のことをテスト用と言ったりしますが，呼び方が違うだけで同じものです。

学習用と評価用に分ける理由は後述（「よくある質問」で説明）しますので，とりあえず分析を続けましょう。ひと通り手順を追ってから説明したほうがわかりやすいからです。

### 4 学習用データと評価用データの確認

学習用の X（X_train）のデータを数えます。

```
len(X_train)
```
コード 7-7

#### 出力結果
187

学習用の X（X_train）のデータ数は 187 です。y_train も同じく 187 になります。

次に評価用の X（X_test）のデータを数えます。

```
len(X_test)
```
コード 7-8

#### 出力結果
63

評価用の X（X_test）のデータ数は 63 です。y_test も同じく 63 になります。

今までの作業をまとめると図 7-3 のようになります。

**図 7-3　分析のためのデータの準備**

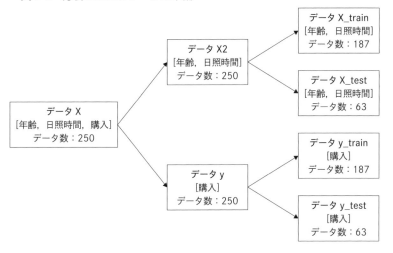

 **決定木による分類と予測・評価**

### 1 学習用データによる分類

目的：年齢と日照時間（データ X_train）から，どのような購入傾向があるか（データ y_train）を分類します。

学習用のデータを使って，決定木の分類を行います。

コード 7-9
```
model = DecisionTreeClassifier(max_depth=2, random_state=0)
model.fit(X_train, y_train)
```

分岐を 2 回にするため，引数 max_depth に 2 を指定します。後述の図 7-4 でいうと，ステップ 1 が最初の分岐，ステップ 2 が 2 回目の分岐

になります。

分類が終わると次のような出力が示されます。うまく終了した合図です。

### ↳出力結果

```
            DecisionTreeClassifier
DecisionTreeClassifier(max_depth=2, random_state=0)
```

ここまでで学習用データによる分類が終わりました。将来の購入を予測するためのモデルを作ったわけです。

どのような分類なのかは後ほど図で示しますが、日照時間が○○時間以上で、年齢が○○歳以下なら、この商品を買わないといった分類を行っています。

その前に、この分類が将来の予測に役立つかどうかを調べましょう。役立たなければ、再度分類をやり直す（＝モデルを作り直す）必要があるからです。

### 2 モデルの予測・評価

分類が将来の予測に役立つかどうか判断するために、学習用データによる分類方法（モデル）を評価用のデータに適用し、その正解率を見ます。

```
score_te = model.score(X_test, y_test)
print("正解率", score_te * 100,"%")
```
コード7-10

### ↳出力結果
正解率 98.4126984126984%

ここまで繰り返し使ってきましたが、そもそも学習用と評価用という

考え方はなじみがないかもしれません。そこで，ここでの手順を少し詳しく説明しましょう。

### ステップ1：モデル作成

年齢と日照時間（学習用データ X_train）から，どのような購入傾向があるか（学習用データ y_train）を分類しました。この分類方法（モデル）を使って，将来の購入について予測を行います。

### ステップ2：予測

ステップ1の分類方法（モデル）による予測精度を調べます。

ステップ1の分類方法をいろいろな顧客の年齢と日照時間（評価用データ X_test）に適用し，どのような購入傾向があるかを予測します（予測したデータ y）。ここでの予測とは，グループ0，グループ1，グループ2のうち，どのグループに当てはまるかというものです。

この予測した y が実際の y（評価用データ y_test）とどのくらい一致するかを調べたのが正解率です。

正解率が98%と高く，うまく購入を予想できています。

## 3 決定木のイメージ*

イメージがわくようにシンプルなデータ例を使って説明します。

わかりやすく全部で10人のデータとします（表7-1）。

①元のデータの一部を学習用データとして取り出す――7人のデータが学習用データとなります（表7-2）。
②学習用データから分類方法（モデル）を作成する――学習用データに使用されない残りの3人は評価用データになります。
③モデルを評価用データに適用して購入予測をします（表7-3）。
④購入予測と実際の購入を照合します。

　Bさん：　1（購入予測）=1（実際の購入）→　予測的中

**表 7-1 元のデータ（10人）**

| 顧客 | 年齢 | 日照時間 | 購入 |
|---|---|---|---|
| A | 28 | 16 | 0 |
| B | 56 | 8 | 1 |
| C | 17 | 20 | 0 |
| D | 44 | 4 | 1 |
| E | 32 | 10 | 0 |
| F | 61 | 16 | 0 |
| G | 48 | 6 | 1 |
| H | 37 | 11 | 1 |
| I | 52 | 5 | 1 |
| J | 25 | 18 | 0 |

**表 7-2 学習用データ（7人）**

X_train

| 顧客 | 年齢 | 日照時間 |
|---|---|---|
| A | 28 | 16 |
| C | 17 | 20 |
| D | 44 | 4 |
| E | 32 | 10 |
| F | 61 | 16 |
| H | 37 | 11 |
| I | 52 | 5 |

y_train

| 顧客 | 購入 |
|---|---|
| A | 0 |
| C | 0 |
| D | 1 |
| E | 0 |
| F | 0 |
| H | 1 |
| I | 1 |

**表 7-3 Bさん，Gさん，Jさんの購入予測**

X_test

| 顧客 | 年齢 | 日照時間 |
|---|---|---|
| B | 56 | 8 |
| G | 48 | 6 |
| J | 25 | 18 |

y_test

| 顧客 | 購入 |
|---|---|
| B | 1 |
| G | 1 |
| J | 0 |

予測した y

| 顧客 | 購入 |   |
|---|---|---|
| B | 1 | （正解） |
| G | 1 | （正解） |
| J | 1 | （不正解） |

Gさん： 1（購入予測）＝1（実際の購入）→ 予測的中
Jさん： 1（購入予測）＝0（実際の購入）→ 予測はずれ

正解率（＝予測精度）： 約67%（＝100×(2÷3)）

## 4 分類のやり直しと決定木の図*

今回はうまく予測できていますが，そうでない場合には分類をやり直す必要があります。

では，どんなときに分類をやり直すのでしょうか。

たとえば，評価用のデータによる分類の正解率が，学習用データによる分類の正解率よりも著しく低いといったように，両者の正解率の違いが大きいときには分析をやり直します。なお，学習用データに分類を適用しても正解率は100%にはなりません。あくまでモデルであって，実データと完全には一致しないためです。

そこで，一応，学習用データによる分類の正解率も見てみます。

```
score_tr=model.score(X_train, y_train)
print("正解率", score_tr * 100,"%")
```
コード7-11

### ↳出力結果
正解率 98.3957219251337%

両者の正解率の違いはほとんどなく，正解率自体も高い値です。

今回は将来の予測に役立ちそうなことがわかったので，どのような分類なのかを見ていきましょう。

どのような分類を行ったのかを図を見ながら説明します。

```
plt.figure(figsize=(13, 10))
```
コード7-12

```
plot_tree(
    model,
    fontsize=15,
    feature_names=["年齢", "日照時間"],
    class_names=["0", "1", "2"]
)
plt.show()
```

### 図7-4 コード7-12の出力結果に基づいた図

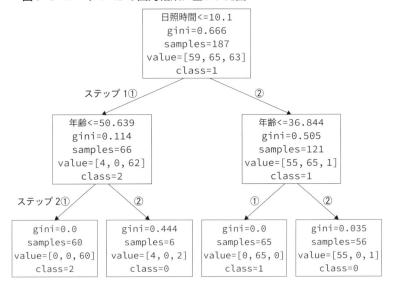

決定木は図7-4のように表せます。

図の見方としては，上から下に見ていきます。四角のなかには条件が示されており，左側の矢印はYes，右側の矢印はNoと考えます。

たとえば，頂上の四角には日照時間<=10.1という条件が示されています。その条件に当てはまるかどうかで分類していきます。

具体的に1つ1つの条件を見ていきましょう。

• ステップ1① (Yes〔=左〕の場合) —— ある顧客の日照時間が約10

時間より少なければ，左側の矢印に従います．
- ステップ2① (Yes [=左] の場合) —— その顧客の年齢が約50.6歳よりも低ければ，class=2，つまり，2回以上この商品を購入する人たち（=リピーター）のグループに分類されます．
- ステップ2② (No [=右] の場合) —— その顧客の年齢が約50.6歳よりも高ければ，class=0，つまり，この商品を購入しない人たちのグループに分類されます．


- ステップ1② (No [=右] の場合) —— ある顧客の日照時間が約10時間より多ければ，右側の矢印に従います．
- ステップ2① (Yes [=左] の場合) —— その顧客の年齢が約36.8歳よりも低ければ，class=1，つまり，この商品を1回購入する人たちのグループに分類されます．
- ステップ2② (No [=右] の場合) —— その顧客の年齢が約36.8歳よりも高ければ，class=0，つまり，この商品を購入しない人たちのグループに分類されます．


分析結果をまとめると，

グループ0（購入なし）：

　日照時間が10時間より少なく，50.6歳より高い，もしくは

　日照時間が10時間より多く，36.8歳より高い

グループ1（1回購入）：

　日照時間が10時間より多く，36.8歳以下

グループ2（リピーター）：

　日照時間が10時間より少なく，50.6歳以下

このように，日照時間や年齢のような情報に基づいて，購入するかどうかを分類するのが決定木と呼ばれるものです．決定木による分類方法を図7-2上に加筆すると図7-5のように表すことができます．

図7-5 決定木に基づく分類

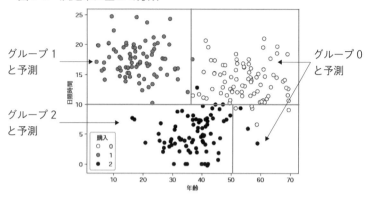

日照時間や年齢のような個人データを入手できれば，購入可能性が高い人たちを絞り込めます。そうした人たちを中心に販売促進を行うと無駄が少なくなるでしょう。購入可能性が低い人に無料サンプルを送っても，販売促進費がかさむだけで，売上にあまりつながらないからです。

### よくある質問1

どうして学習用と評価用にデータを分けて分析するのですか？

年齢と日照時間という情報から，どんな人が商品を買ってくれるかを予測したいという設定です。

**学習用データ**　まず，これまでの購入履歴からどんな人が商品を買ってくれるかを分類することから始めます。すでに購入結果を知っている状況です。これが学習用データによる分析です。

**評価用データ**　次に，年齢と日照時間という個人情報があるときに，その人が商品を買うどうかを予測したいとします。そこで（本当は購入履歴があるのですが）購入結果をわからないと仮定して，購入を予測するのが評価用データによる分析です。そして，購入予測と実際の購入結果を照合し，モデルの予測精度（＝正解率）を求めたわけです。

**未来の予測**　手持ちのすべての購入履歴を使って，分類すればよいと思われるかもしれませんが，それだと将来の購入（未知のデータ）をうまく予測できるかどうかわかりません。過去の購入をうまく説明できても，未来の購入を予測できないこともあるのです。

このため，上記の分析では，現実における予測作業を疑似的に行って，予測の精度を調べているわけです。

**下線部分の補足説明**　過去のデータから購入傾向をうまく予測できるようにモデルが生成されます。そうしたモデルは学習（モデルを作ること）に使ったデータだけに適したものかもしれません。

新しいデータで購入可能性を予測したときに，その予測の的中率が低いことがあります。モデルがよくないわけです。

イメージがわくように試験対策で例えると，模擬試験の対策をして98点が取れるようになったのに，本番の試験では50点しか取れないような感じです。模擬試験の傾向と本番試験の傾向が違っていれば，これまでの勉強で積み上げたスキルが通用しません。

問題がデータ，模擬試験対策で培ったスキルがモデル，試験の点数がモデルの正解率に相当します。模試の点数が高いのは，模試の問題傾向にあった勉強をとことんした（やりすぎた学習だ）からで，それ以外の試験には通用しないのです。

このように，学習用データではうまくいくのに，新しいデータ（評価用データ）でうまくいかないモデルになってしまうことを「過学習」と言います。

---

**よくある質問2**

決定木以外でも，学習用と評価用にデータを分けたりできますか？

できます。第9章では回帰分析の例を使って説明します。

**決定木とクラスタリング**＊

決定木とクラスタリングを同じように感じた読者もいるかもしれません。ここでは，決定木とクラスタリングの違いについて，具体例を挙げながら解説します。

## 1 決定木の活用例

**例1 幸福度研究：幸福度と個人の特性の関係を分析し，幸福度の高い人を予測する。**

飲酒や喫煙の習慣，睡眠時間，婚姻，就業形態，性別，年齢などの特性などと幸福度の関係を調べ，個人の特性から幸福度の高い人はどのような人たちかを予測することは決定木による分析の一例です。

たとえば，アンケートによって，どのくらい幸福と感じているかを5段階（1〔とても不幸〕，2〔まあ不幸〕，3〔普通〕，4〔まあ幸福〕，5〔とても幸福〕）で評価してもらいます。1〜5で示される幸福度は離散変数になっています。アンケートでは，睡眠時間や飲酒・喫煙習慣なども質問します。

アンケート結果に基づいて，睡眠時間が8時間以上で喫煙の習慣がなく，週当たりネット接続が10時間以内だと5（とても幸福）に該当するデータが多いといった具合に，幸福度と個人の特性の関係性を調べます。

この学習段階（モデルを作る段階）では，個人の特性をどのように条件づければ，現実の幸福度をうまく分類できるのか，分類の基準を決めていきます。正しい結果（1, 2, 3, 4, 5）が最初からわかっているので，正解率（分類に基づく予測と現実の値が一致すれば正解）が計算できます。

正解率が高い分類の基準が設定できれば，新しいデータの個人特性をその基準に適用することで，その人の幸福度が予測できます。

**例2 労務管理：離職と個人の特性の関係を分析し，離職しやすい人を予測する。**

性別，年齢，婚姻，学歴，欠勤日数，勤続年数などの特性から，離職する人はどのような人たちかを調べることができます。これまでの勤務者のデータで，離職者を1，それ以外を0と分類すると，離職という変数は離散変数になります。欠勤日数が月7日以上で，勤続年数1年以内，未婚で15〜20歳だと1（離職者）に該当するといった具合に，離職と個人の特性の関係性を調べます。

この学習段階（モデルを作る段階）では，個人の特性をどのように条件づければ，現実の離職者をうまく分類できるのか，分類の基準を決めていきます。正しい結果（0，1）が最初からわかっているので，正解率が計算できます。

正解率が高い分類の基準が設定できれば，新しいデータの個人特性をその基準に適用することで，その人が離職しやすいかを予測できます。

**例3 マーケティング：継続購入と個人の好みの関係を分析し，継続購入する人を予測する。**

商品購入時に重視すること（価格，機能，パッケージなどの個人の好み）と継続して商品を購入する顧客（リピーター）であるかの関係を調べ，個人の特性からリピーターはどのような人たちかを予測することができます。これまでの顧客データで，0（リピートしない），1（1〜2回リピート），2（3回以上リピート）と分類すると，リピートという変数は離散変数になります。

顧客に対するアンケートデータから，「必ず他社の類似製品と価格比較する」「1回の使用量の単価を気にする」などの質問に「はい」と回答すると0（リピートしない）に該当するといった具合に，リピートと個人の好みの関係性を調べます。

この学習段階（モデルを作る段階）では，個人の特性をどのように条件

づければ，現実のリピーターをうまく分類できるのか，分類の基準を決めていきます。正しい結果（0, 1, 2）が最初からわかっているので，正解率が計算できます。

正解率が高い分類の基準が設定できれば，新しいデータの個人特性をその基準に適用することで，その人がリピートしやすいかを予測できます。

## 2 クラスタリングの活用例

### 例1 幸福度研究

飲酒や喫煙の習慣，睡眠時間，婚姻，就業形態，性別，年齢などの特性から，似たような人たちをグループに分けます。たとえば，グループ1，グループ2，グループ3と3つのグループに分けられたとします。それぞれのグループの人たちの幸福度を見て，たとえば，グループ1は幸福度が5（とても幸福）の人が86％，グループ2の人は幸福度が4（まあ幸福）と3（普通）の人が79％，グループ3の人は幸福度が2（まあ不幸）と1（とても不幸）の人が92％であれば，グループ1は幸福度が高いグループと判断します。そして，グループ1に属する個人の特性（睡眠時間の平均が9.6時間など）を見ることで，幸福度の高い人たちの傾向がわかります。

ここで，グループと幸福度との関係性は後付けの判断であるため，分類の正解という概念はありません（次の例2，例3も同様）。最初から現実の幸福度の分類に沿うように，特性の条件を決めていく決定木と違っています。

### 例2 労務管理

性別，年齢，婚姻，学歴，欠勤日数，勤続年数などの特性から，似たような人たちをグループに分けます。たとえば，グループ1，グループ2と2つのグループに分けられたとします。それぞれのグループの人た

ちの離職割合を見たとき，グループ1は離職した人の割合が86％，グループ2は離職していない人の割合が79％であれば，グループ1は離職しやすい人のグループと判断します。そして，グループ1に属する個人の特性（欠勤日数の平均が8.6日など）を見ることで，離職しやすい人たちの傾向がわかります。

**例3　マーケティング**

商品の購入時に重視することについてアンケートを行い，顧客の嗜好に基づいて似たような人たちをグループに分けます。たとえば，グループ1，グループ2，グループ3と3つのグループに分けられたとします。それぞれのグループの人たちのリピート率を見たとき，グループ2は2（3回以上リピート）が93％，グループ3は1（1～2回リピート）が78％，グループ1は0（リピートしない）であれば，グループ2を高リピーターのグループと判断します。

そして，グループ2の顧客の嗜好を見たとき，機能を重視する質問に「はい」と回答する人の割合が高ければ，商品のリピーターは機能重視派の傾向があることになります。同様に，グループ3はパッケージを重視する質問に「はい」と回答する人の割合が高ければ，見た目重視派のリピートは1～2回，グループ1は価格を重視する質問に「はい」と回答する人の割合が高ければ，価格重視派はリピートしない傾向があることになります。

## 3　いずれを使うかは目的次第

両者の違いが明確になるように，あえて似たトピックスについて両手法を適用してみました。

現場で決定木とクラスタリングのいずれを活用するかは分析者の好みの問題だ，とする見解もありますが，<u>結局のところ目的次第</u>でしょう。

たとえば，購入してくれそうな人を調べるといった具合に，販売促進

での活用には決定木を推奨する向きがあります。購入しそうな人の条件を示してくれるので，その条件を満たす人たちに販促をかければよいからです。

　その点，クラスタリングには問題があります。実際のデータでよくある事例として，クラスタリングで特性の違うグループに分けても，肝心のリピート率や購入意欲がグループ間で違わないことがあるのです。販促には関係のない個人の特性でグループに分けられてしまったからです。これでは販促に活用できません。

　一方で，クラスタリングには大量のデータを要約（＝単純化）して解釈しやすくするメリットがあります。特に，漠然と（＝決定木のように，リピート率や購入意欲といった重視すべき変数がわからないなかで）データの特徴を知りたいときに役立ちます。つまり，データの要約がクラスタリングの強みといえます。

　ただ，クラスタリングでは，似たようなグループに分けられたあと，それぞれのグループの特徴は，<u>分析者の主観的判断によって後から意味づけされることに注意が必要です</u>。前述の例3のマーケティングを例にとると，「必ず他社の類似製品と価格比較する」や「1回の使用量の単価を気にする」などの質問に「はい」と回答する人の割合が多いので「価格重視派」のグループだと決めつけるといった具合です。

　このため，クラスタリングは，あくまでデータの要約がメインで，価格重視派はリピートしないといった議論には使うべきでないという批判があります。たとえば，価格差や単価など細かいことが気になる几帳面な性格の人はいろいろな商品を試すためにリピートしないだけかもしれないからです。このように主観的な判断によっては，解釈を誤ること（例：リピート率に関係するのは本当は価格ではなく性格）があります。決定木においては，必ず他社の類似製品と価格比較するかや1回の使用量の単価を気にするかなどの質問に「はい」と回答するかどうかという<u>客観的な条件</u>だけです。

そうなると，きちんと条件を示してくれる決定木のほうが優れているように思いますが，万能なわけではありません。たとえば，決定木はブランド形成の分析には不向きとされます。高級感のあるブランドを確立するためには，いわゆる意識高い系の顧客を核に据える必要がありますが，現在の顧客の多くがそうした層でない場合には，彼らの情報は参考にならないからです。

### 練習問題

　都道府県別の変数が含まれたデータセット chapter07_exercise.xlsx を使って，次の問いを考えてみましょう。データソースは，総務省の「人口推計」，「全国家計構造調査」ならびに「通信利用動向調査」です。

**問1**　どのような変数を含むかと 47 都道府県のデータがあることを確認してください。

　地方は地方の分類で，0：北海道，1：東北，2：関東，3：中部，4：近畿，5：中国，6：四国，7：九州です。

　人口 15 歳未満比率，15〜64 歳比率，65 歳以上比率は，それぞれ各都道府県の全人口に占める対象年齢の人口の割合で，全人口を 1 とした場合の比率です。

　人口男女比率は，各都道府県における 20〜39 歳の男性人口÷20〜39 歳の女性人口です。1 よりも大きければ男性のほうが多く，1 よりも小さければ女性のほうが多いです。

　インターネット利用者の割合は，パソコンやスマホなどによりインターネットを使っている人の割合です。

　なお，世帯年間収入の単位は千円，合計特殊出生率の単位は人数，インターネット利用者の割合の単位は％です。

**問2**　学習用と評価用のデータに分けましょう。このとき，評価用のデータは全体の 4％，random_state=0 と指定してください。

学習用は 45 都道府県，評価用は 2 都道府県になっていることを確認し，評価用である 2 都道府県のデータの中身を見てみましょう。

**問 3** どの地方に属しているかを決定木によって予測します。max_depth=2, random_state=0 として，学習用と評価用の正解率を示しましょう。

# 第8章

# データの規則性を探って将来を予測しよう②

ランダム・フォレスト（分類編）

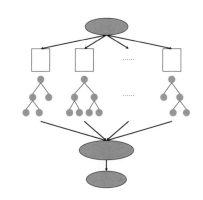

　いくつかの商品のうち，どの商品を購入するかを顧客情報から予測してみましょう。前章の応用で，ランダム・フォレストという手法を学びます。木（ツリー）が3つで森（フォレスト）になるように，いくつもの決定木を使うことが特徴です。

# 1 ランダム・フォレスト

　本章で紹介する**ランダム・フォレスト**（分類編）は第7章の応用です。データの分類に決定木を使う点は同じですが，新しくランダムとフォレストの部分が加わります。

　ランダム・フォレストを直訳すると手当たり次第の森。そこら中に木がたくさんあると森（フォレスト）になるように，ランダム・フォレストでは，決定木を無作為（＝ランダム）にいくつも（＝フォレスト）試して，それぞれの決定木が予測する結果を多数決にかけて最終結果とします（図8-1）。イメージ的には3人寄れば文殊の知恵といったところでしょうか。1人よりも3人のほうが良い結果を導けるわけです。

　良い結果とは予測精度の向上です。いくつもの決定木を使うことで，過学習しやすいという（単独の）決定木の欠点に対処します。これまでも述べたように過学習は，現在手元にあるデータだけに通用する関係性や規則性を示してしまうことです。これでは将来のデータを使ってうまく結果を予測することができません。

　3人寄れば～の文脈でたとえると，1人で考えると自分の価値観だけを反映した独善的なモデルになりますが，多くの人が話し合うことでみんなが納得できる普遍的なモデルを導けるのと似ています。

　ランダム・フォレストは，過学習の問題を克服し，予測精度を向上させるための工夫なわけです。予測精度が高いため，実務で使われることも多いようです。結果の要因を探索することを重視する傾向が強い学術研究に対し，予測精度の向上をめざすという意味では，実務への活用をかなり意識した手法といってもよいかもしれません。

**図 8-1 ランダム・フォレストのイメージ**

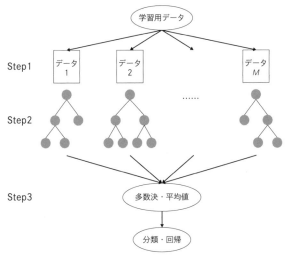

(出所) 日経リサーチ「調査・統計用語集」(https://service.nikkei-r.co.jp/glossary/random-forest) より作成。

 ランダム・フォレストの準備

### 1 データの取り込み

商品の購入データ (Excel ファイル chapter08.xlsx) を取り込みます。

```
import pandas as pd
from sklearn.ensemble import RandomForestClassifier
import sklearn.model_selection

X = pd.read_excel("data/chapter08.xlsx")
X.head()
```
コード 8-1

RandomForestClassifier はランダム・フォレスト（分類）を行うためのツールです。

### ↳ 出力結果

|   | 年齢 | 閲覧時間 | 気温 | 収入 | 貯金 |
|---|---|---|---|---|---|
| 0 | 45.210958 | 10.764374 | 12.992434 | 95.145725 | 312.965664 |
| 1 | 48.304713 | 9.991882 | 13.384344 | 95.979897 | 217.256494 |
| 2 | 10.430748 | 3.004812 | −2.174604 | 574.678933 | 394.703952 |
| 3 | 11.995386 | 3.939633 | −3.248838 | 548.393921 | 222.727635 |
| 4 | 56.450739 | 20.255405 | 5.327741 | 548.955093 | 47.404814 |

| 距離 | 体力 | 購入 |
|---|---|---|
| 230.967737 | 0.307814 | 3 |
| 293.644613 | 0.304630 | 3 |
| 1361.523125 | 0.469096 | 2 |
| 1483.626253 | 0.514231 | 2 |
| 901.551002 | 0.180821 | 1 |

行は個人を表し，たとえば，0行目の人は年齢が45歳，ウェブの閲覧時間が10時間，居住地域の日中気温が12.9度，年間収入が95万円，貯金は312万円，首都からの距離は230キロ，体力の指標は0.3です。体力の指標は，プラスの値が大きいほど体力があり，マイナスの値が大きいほど体力がありません。

購入の列は購入履歴で，0（出力ではたまたま現れていません）は商品A，1は商品B，2は商品C，3は商品Dの購入を示します。

(注) これは練習のために生成された架空のデータであり，不自然な数値の変数があります。たとえば，年齢は小数点以下が細かく示されています。ただ，たとえば，45歳と18日の場合，18÷365日とすれば小数点もありえます。分析に大幅な支障がないのでそのままご使用ください。
　本書において，データソースが示されているもの以外は，すべて架空のデータです。

## 2 行数と列数の表示

shape を使って，データフレームの行数と列数を表示します（len() が行数のみ出力するのに対して，こちらは列数も出力します）。

```
X.shape
```
コード 8-2

### ↳ 出力結果

(350, 8)

データは 350 行，8 列。つまり，350 人分の 8 つの変数（年齢，閲覧時間，気温，収入，貯金，距離，体力，購入）があります。「購入」を除く 7 つの変数を**特徴量**と呼びます。

## 3 欠損値の確認

ランダム・フォレストは欠損値（入力されていないデータ）があると分析されないので，isnull() を使って欠損値があるかどうかを確認します。

```
X.isnull().sum()
```
コード 8-3

### ↳ 出力結果

```
年齢      0
閲覧時間    0
気温      0
収入      0
貯金      0
距離      0
体力      0
購入      0
```

変数ごとに欠損値の有無を調べ，sum() で欠損値の数を合計して示し

**2** ランダム・フォレストの準備　133

ます。たとえば、350人の年齢のうち、3人分の年齢のデータがなければ、3と示されます。いずれの変数も0、つまり、欠損値はありません。

## ランダム・フォレストによる分類と予測

### 1 学習用データによる分類

分析に必要なデータの整理から始めます。

データXには、年齢から購入まで8つの列がありますが、購入だけを取り出してデータyとします。そして、データXから購入の列を削除します。

年齢から体力までの7つの特徴量（データX）から、どのような購入傾向があるか（データy）を分類するために必要な手続きです。

さらに、データXとデータyを学習用（●●_train）と評価用（●●_test）に分けます。

学習用のデータを使って、ランダム・フォレストによる分類を行います。

```
y = X["購入"]
X2 = X.copy().drop("購入", axis=1)

[
    X_train,
    X_test,
    y_train,
    y_test
] = sklearn.model_selection.train_test_split(
    X2, y, random_state=0
)

model_rf = RandomForestClassifier(
    max_depth=4,
    random_state=0
```
コード 8-4

```
)
model_rf.fit(X_train, y_train)
```

## ↳出力結果

```
           RandomForestClassifier
RandomForestClassifier(max_depth=4, random_state=0)
```

学習用データによる分類が終わりました。

### 2 学習用データによる分類の評価(評価用データ)

学習用データによる分類を評価用のデータに適用し,その正解率を見ます。

```
score_te = model_rf.score(X_test, y_test)
print("正解率", score_te * 100, "%")
```
コード8-5

## ↳出力結果
正解率 85.22727272727273 %

### 3 学習用データによる分類の評価(学習用データ)

一応,学習用データによる分類の正解率も見てみます。

```
score_tr = model_rf.score(X_train, y_train)
print("正解率", score_tr * 100, "%")
```
コード8-6

## ↳出力結果
正解率 88.16793893129771 %

学習用データのときの正解率88%と比べると,評価用データの正解

率は85%と少し下がるものの，そこそこの正解率であることがわかります。

## 特徴量と予測の精度

### 1 予測の確認

参考までに，どのような予測がされたか見てみましょう。

```
y_test_pred = model_rf.predict(X_test)

test_results = pd.DataFrame({
    "y_test": y_test,
    "y予測": y_test_pred
})
test_results.head()
```
コード8-7

評価用データ（X_test）を使い，購入分類の予測（y_test_pred）をします。次に，比べやすいように，本当の購入分類（y_test）と購入分類の予測を合わせたデータフレームを作ります。

↳出力結果

|  | y_test | y予測 |
|---|---|---|
| 6 | 2 | 2 |
| 52 | 1 | 1 |
| 270 | 0 | 0 |
| 45 | 0 | 0 |
| 296 | 1 | 1 |

顧客番号6さんは2（=商品Cの購入）ですが，モデルの予測も2で，予測が的中しています。

7つの特徴量をすべて合体したデータフレーム test_results_all を作成します。

```
test_results_all = pd.concat(
    [X_test, test_results],
    axis=1
)
test_results_all.head()
```

コード8-8

## 出力結果

| | 年齢 | 閲覧時間 | 気温 | 収入 | 貯金 |
|---|---|---|---|---|---|
| 6 | 7.781821 | 3.273927 | -3.771747 | 589.406444 | 501.421859 |
| 52 | 47.432016 | 19.741129 | 5.538893 | 503.494016 | 133.617105 |
| 270 | 51.619048 | 18.406166 | 11.172757 | 419.277380 | -2.170512 |
| 45 | 29.844858 | 14.661502 | 10.201981 | 325.597971 | -1.048139 |
| 296 | 4.708948 | 19.849701 | 9.985220 | 443.550173 | -70.302979 |

| 距離 | 体力 | y_test | y予測 |
|---|---|---|---|
| 1387.758611 | 0.919575 | 2 | 2 |
| 1080.962982 | 0.423169 | 1 | 1 |
| 1069.673027 | -1.291702 | 0 | 0 |
| 874.472685 | -1.885874 | 0 | 0 |
| 1018.944861 | -1.108502 | 1 | 1 |

顧客番号6さんの場合，年齢7歳，閲覧時間3時間，気温-3.7度，収入589万円，貯金501万円，距離1387km，体力0.9という情報から，2（＝商品Cの購入）を予測しています。この予測が実際の購入と一致しているわけです。

一方，出力結果には表れていませんが，顧客番号261さんの場合，年齢56歳，閲覧時間13時間，気温4.6度，収入569万円，貯金45万円，距離894km，体力0.2という情報から，商品Bの購入（＝1）を予測しています。しかし，この予測は実際の購入である商品A（＝0）の購入

とは一致していません。

## 2 特徴量の重要性

商品の購入を分類する際，どの特徴量が重要かを調べてみましょう。

```
import matplotlib.pyplot as plt
import seaborn as sns
import japanize_matplotlib

model_rf.fit(X_train, y_train)

plt.barh(X2.columns, model_rf.feature_importances_)

plt.title("ランダム・フォレスト変数寄与", fontsize=16)
plt.ylabel("変数", fontsize=16)
plt.xlabel("寄与", fontsize=16)
```
コード8-9

plt.barh()（hは水平〔horizontal〕の頭文字）で横向きの棒グラフを描くことができます。グラフの区分（どのデータごとに棒グラフを描くか）を第1引数に指定し，第2引数のmodel_rf.feature_importances_で取得できる数値（変数寄与）をグラフにプロットします。後半3行はグラフのタイトルや軸ラベルを指定しています。

その結果，出力される図にはタイトル（ランダム・フォレスト変数寄与）やラベル（変数，寄与）がついています（図8-2）。

7つの特徴量のなかで，閲覧時間が最も重要で，それに次いで，気温，年齢や収入の順で重要なことを示しています。貯金はあまり重要でないことがわかります。

## 3 手順のイメージ*

ランダム・フォレストは，いくつもの決定木を使って，過学習しやすいという決定木の欠点に対処します。

138　第 **8** 章　データの規則性を探って将来を予測しよう②

### 図 8-2　コード 8-9 の出力結果

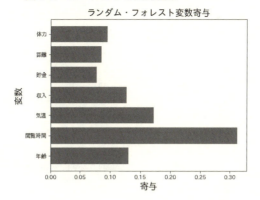

　このとき「異なる」決定木を使います。同じような決定木だといくつあっても意味がない（＝同じ結果になる）からです。「異なる」とはお互いの相関が低いと言い換えてもよいでしょう。違う予測結果のなかから多数決で最終結果とするのです。

　そのため，①学習データの一部のみ使う，②分岐では一部の特徴量のみを使います。興味のある方のために少し詳しく説明します（読み飛ばしても構いません）。

　手順のイメージは，

①学習用データから，たとえば，個数を決めてデータを 100 回選ぶとします。このとき，一度選んだ顧客データを元に戻して，あらためて選びなおします。**復元抽出**といいます（表 8-1，表 8-2）。このため，同じ顧客データが繰り返し選ばれることもあります。

　⋮　（復元抽出 100 回目まで続きます）

②1 回目から 100 回目まで，それぞれに対応する 100 個の決定木モデルを作ります。

③決定木のそれぞれの分岐段階では，すべての特徴量を使わず，一部の特徴量のみを使います。全部で 7 個の特徴量があるときには，そ

**表 8-1　復元抽出1回目（網掛け部分は重複しているデータ）**

| 顧客 | 年齢 | 閲覧時間 | …… | 購入 |
|---|---|---|---|---|
| A | 28 | 16 | …… | 0 |
| B | 56 | 8 | …… | 1 |
| C | 17 | 20 | …… | 0 |
| D | 44 | 4 | …… | 1 |
| E | 32 | 10 | …… | 0 |
| F | 61 | 16 | …… | 0 |
| G | 48 | 6 | …… | 1 |
| H | 37 | 11 | …… | 1 |
| I | 52 | 5 | …… | 1 |
| J | 25 | 18 | …… | 0 |

| 顧客 | 年齢 | 閲覧時間 | …… | 購入 |
|---|---|---|---|---|
| A | 28 | 16 | …… | 0 |
| B | 56 | 8 | …… | 1 |
| C | 17 | 20 | …… | 0 |
| D | 44 | 4 | …… | 1 |
| B | 56 | 8 | …… | 1 |
| F | 61 | 16 | …… | 0 |
| G | 48 | 6 | …… | 1 |
| B | 56 | 8 | …… | 1 |
| D | 44 | 4 | …… | 1 |
| J | 25 | 18 | …… | 0 |

元のデータでは10人　→　復元抽出で7人のデータになる

**表 8-2　復元抽出2回目（網掛け部分は重複しているデータ）**

| 顧客 | 年齢 | 閲覧時間 | …… | 購入 |
|---|---|---|---|---|
| A | 28 | 16 | …… | 0 |
| B | 56 | 8 | …… | 1 |
| C | 17 | 20 | …… | 0 |
| D | 44 | 4 | …… | 1 |
| E | 32 | 10 | …… | 0 |
| F | 61 | 16 | …… | 0 |
| G | 48 | 6 | …… | 1 |
| H | 37 | 11 | …… | 1 |
| I | 52 | 5 | …… | 1 |
| J | 25 | 18 | …… | 0 |

| 顧客 | 年齢 | 閲覧時間 | …… | 購入 |
|---|---|---|---|---|
| A | 28 | 16 | …… | 0 |
| F | 61 | 16 | …… | 0 |
| I | 52 | 5 | …… | 1 |
| F | 61 | 16 | …… | 0 |
| E | 32 | 10 | …… | 0 |
| F | 61 | 16 | …… | 0 |
| I | 52 | 5 | …… | 1 |
| F | 61 | 16 | …… | 0 |
| F | 61 | 16 | …… | 0 |
| I | 52 | 5 | …… | 1 |

元のデータでは10人　→　復元抽出で4人のデータになる

の一部であるたとえば2（≒$\sqrt{7}$）個の特徴量をランダムに選択して，分岐していきます。2個でなくても構いませんが，すべての特徴量の数の平方根がよく使われます（図8-3）。

図8-3の(a)の段階では，年齢と閲覧時間の特徴量だけに基づいて分類されます。それ以外の特徴量は使いません。

**図 8-3　復元抽出 1 回目に対応する決定木の例**

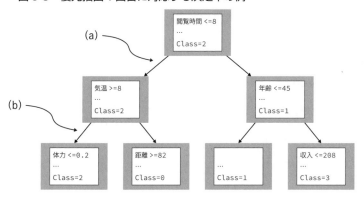

**表 8-3　(a)の段階での特徴量と予測**

| 顧客 | 年齢 | 閲覧時間 | …… | 購入 |
|---|---|---|---|---|
| A | 28 | 16 | …… | 0 |
| B | 56 | 8 | …… | 1 |
| C | 17 | 20 | …… | 0 |
| D | 44 | 4 | …… | 1 |

**表 8-4　(b)の段階での特徴量と予測**

| 顧客 | …… | 気温 | 体力 | 購入 |
|---|---|---|---|---|
| A | …… | 16 | 0.2 | 0 |
| B | …… | 8 | −0.1 | 1 |
| C | …… | 20 | 1.1 | 0 |
| D | …… | 4 | 0.4 | 1 |

　図 8-3 の (b) の段階では，気温と体力の特徴量だけに基づいて分類されます。それ以外の特徴量は使いません。

④100 個の決定木モデルの予測を多数決にかけて，最終的な予測を決めます。たとえば，Z さんの購入は，決定木 1 番目では 2，決定木

2番目では2，決定木3番目では1，……，決定木100番目では2といったときに，多数決でZさんの購入は2（＝商品C）と予測するのです。

### たまにある質問1

どの特徴量が重要かを示した図を描くときに，きれいな図になるというsns.barplot()を使って，重要な特徴量が上から順番に描かれる図にするにはどうすればいいですか。

下記のようにしましょう。

```
model_rf.fit(X_train, y_train)

# ステップ1
rf_imp = pd.DataFrame({
    "寄与": model_rf.feature_importances_,
    "変数": X2.columns,
})
rf_imp = rf_imp.sort_values(by="寄与", ascending=False)

# ステップ2
plt.figure(figsize=(8, 6))
sns.barplot(
    x="寄与",
    y="変数",
    data=rf_imp,
    hue="変数",
    dodge=False,
)
plt.title("ランダム・フォレスト変数寄与", fontsize=16)
plt.ylabel("変数", fontsize=16)
plt.xlabel("寄与", fontsize=16)
```

コード8-10

ステップ1：

図の縦軸，横軸を指定してデータフレームrf_impを作成します。それから，見やすくするために作成したデータフレームの値を寄与の大きな順に並べ替えます。小さい順に並べる場合はascending引数をTrueにします。

## 図8-4　ランダム・フォレスト変数寄与

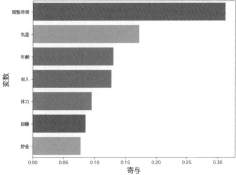

ステップ2：

グラフを描画します。sns.barplot() を使うと，plt.barh() より少しきれいな図になります。

図8-4のようなグラフが出力されます。

---

たまにある質問2

sns.barplot("寄与", "変数", data=rf_imp) とだけ入力したら，図は描けましたが，FutureWarning と出ました。どうしたらよいでしょう。

x="寄与"，y="変数" のように，x=, y= を明記することで解決します。sns.barplot() はさまざまな引数をもっているため，"寄与" や "変数" をどのパラメータに指定すればいいのかはっきり書く必要があるのです。これまではx=, y= をつけなくても大丈夫でしたが，多少面倒でもきちんとつけておくとエラーが起こりにくくなり，安全です。

### 練習問題

前章と同じ都道府県別の変数が含まれたデータセット chapter08_exercise.xlsx を使って，次の問いを考えてみましょう。データソースは，総務省の「人口推計」，「全国家計構造調査」ならびに「通信利用動向調査」です。

**問1** どの地方に属しているかを決定木によって予測します。max_depth=4, random_state=0 として，学習用と評価用の正解率を示しましょう。

**問2** どの地方に属しているかをランダム・フォレスト（分類）によって予測します。max_depth=4, random_state=0 として，学習用と評価用の正解率を示しましょう。

評価用データのランダム・フォレストの予測結果（○○地方）と正解（▽▽地方）を比べてください。

また，問1の決定木と問2のランダム・フォレストの結果を比較してみましょう。

**問3** 評価用データの正解率を改善するにはどうしたらよいかを議論してください。

# 第9章

## データの規則性を探って将来を予測しよう③

ランダム・フォレスト（回帰編）

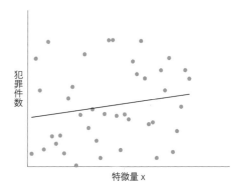

　地域の特徴から犯罪件数を予測するにはどうすればよいのでしょうか。本章では，これまで学んだ回帰分析とランダム・フォレストを組み合わせて，分析を行います。ランダム・フォレストは分類だけでなく，回帰にも使われているのです。
　なお，分類の場合には多数決を使いましたが，回帰（値の予測）では平均を使います。

本章で紹介するランダム・フォレスト（回帰編）は第5章と第8章の応用です。回帰分析とランダム・フォレストを組み合わせて分析を行います。ランダム・フォレストは，条件に基づいてグループに分類する離散変数の場合（第8章）だけでなく，変数の水準に応じて結果の数値を予測する連続変数の場合にも適用されます。なお，ランダム・フォレスト（回帰編）では，回帰分析をいくつも試して，それぞれの分析が予測する結果の平均を最終結果とします。

　ランダム・フォレストを導入する目的は分類編のときと同じです。いくつもの回帰分析を行うことで，過学習しやすいという単独の回帰分析が陥る欠点に対処します。決定木に限らず，単独の回帰分析でも，現在のデータだけに通用する関係性や規則性を示してしまう過学習の危険があるのです。これでは将来のデータを使ってうまく結果を予測することができません。

　ランダム・フォレストは，分類編であれ回帰編であれ，過学習の問題を克服し，予測精度を向上させるための工夫なわけです。

　ただ，回帰分析をランダム・フォレストと組み合わせた分析を学術研究で見かけることはあまりなく，こちらもむしろ実務での活用を意識した手法と言ってよいかもしれません。

　研究で見かけない理由として，社会科学分野の学術研究では結果の要因を探索することを重視する傾向が強いことが挙げられます。それに対し，結果の予測を重視するビジネスの実務では，過学習による低い予測精度は致命的なので，その危険性を下げるランダム・フォレストが好まれます。

　また，変数（＝特徴量）の一部のみを使っていろいろな分析を試すランダム・フォレストは，大きなデータを扱う実務に適していることもあります。学術研究と比べると，実務で使われるデータにはいくつもの変数（＝特徴量）が含まれていることが多いからです。

# 1 ランダム・フォレストによる回帰分析の準備

## 1 データの取り込み

犯罪のデータ（Excel ファイル chapter09.xlsx）を取り込みます。

```
import pandas as pd
from sklearn.ensemble import RandomForestRegressor
import sklearn.model_selection

X = pd.read_excel("data/chapter09.xlsx")
X.head()
```
コード9-1

RandomForestRegressor はランダム・フォレストで回帰分析を行うときに使うツールです。

## ↳ 出力結果

| | 年齢 | 日照時間 | 気温 | 収入 | 貯金 |
|---|---|---|---|---|---|
| 0 | 42.071879 | 12.508286 | 15.220903 | 413.694777 | 57.118319 |
| 1 | 7.152084 | 11.907399 | 2.776565 | 512.120232 | 144.391088 |
| 2 | 69.403248 | 17.375372 | 6.701242 | 789.698344 | 91.887523 |
| 3 | 75.422547 | 12.490551 | 14.056658 | 573.070658 | -193.892573 |
| 4 | 43.569625 | 13.207442 | 3.175976 | 739.597372 | 142.009926 |

| 最寄駅距離 | 生活満足度 | 所得格差 | 犯罪件数 |
|---|---|---|---|
| 617.464087 | -0.428834 | 0.318815 | 12.651239 |
| 809.448992 | -0.542745 | -0.950023 | 7.268447 |
| 1452.372370 | -1.280421 | -0.453475 | 20.049917 |
| 1014.406931 | -0.546698 | -0.141527 | 15.899105 |
| 1748.499407 | 1.120864 | -0.115734 | 19.690084 |

データの説明をしましょう。地域の特徴量として，8つの変数があります。地域ごとに，住民の平均年齢（歳），日照時間（時間）と平均気温（℃），住民の平均年収と平均貯蓄額（万円），住居から最寄駅までの平均距離，住民の生活満足度（プラスで大きな値ほど満足度が高く，マイナスで大きな値ほど満足度が低い），所得格差の指標（プラスで大きな値ほど格差が大きく，マイナスで大きな値ほど格差が小さい）です。これら8つの変数から，犯罪件数を予測できるかを調べます。

## 2 学習用データによる分析

学習用と評価用にデータを分けます。

```
y = X["犯罪件数"]
X2 = X.copy().drop("犯罪件数", axis=1)
[
    X_train,
    X_test,
    y_train,
    y_test
]= sklearn.model_selection.train_test_split(
    X2, y, random_state=0
)
```
コード9-2

学習用データで分析をします。

```
model_rfr = RandomForestRegressor(random_state=0)
model_rfr.fit(X_train, y_train)
```
コード9-3

random_state=0 は，乱数のシード指定です（詳しくは第6章を参照してください）。分析が終わると，前章と同じような出力が得られます。

↳出力結果

```
     RandomForestRegressor
RandomForestRegressor(random_state=0)
```

## 3 分析結果の評価の準備

予測値と実際の値(正解値)を比べて,分析結果を評価しましょう。

```
from sklearn.metrics import r2_score
from sklearn.metrics import mean_squared_error
```
コード9-4

評価に使う**決定係数**($R^2$)と**平均二乗誤差**(mean squared error:**MSE**)もしくは**二乗平均平方根誤差**(root mean squared error:**RMSE**)の準備をします。

## 4 決定係数*

決定係数とは,第5章で学んだようにモデルによる予測値が実際の値(正解値)をどれくらいうまく説明できているかを示す指標で,0~1の値をとります。

平均二乗誤差とは,予測値と正解値の差(=誤差)を2乗した総和をデータ数で割った値のことです。誤差を2乗するのは,マイナスの誤差とプラスの誤差を同等に扱うためです。

| 例) | 予測値 | 正解値 | 誤差 | 誤差二乗 |
|---|---|---|---|---|
|  | 12 | 15 | $-3$ ($=12-15$) | 9 |
|  | 15 | 12 | $3$ ($=15-12$) | 9 |
|  | 8 | 13 | $-5$ ($=8-13$) | 25 |

上のようにデータ数が3つのとき,誤差二乗の総和は43(=9+9+

25），平均二乗誤差は 14.3（= 43 ÷ 3）となります。

予測値 12 と正解値 15 の誤差と予測値 15 と正解値 12 の誤差は，いずれも 3 つ離れているという意味で同じだと考えます。2 乗するので，予測値 − 正解値としても，正解値 − 予測値としても，結果は同じです。

誤差というからには，平均二乗誤差が小さい（0 に近づく）ほどうまく予測していることがわかるでしょう。予測値が正解値に近いほど，誤差が小さくなる（つまり，0 は誤差なし）からです。

ここで，平均二乗誤差に平方根を適用したものを，二乗平均平方根誤差（RMSE）といいます。

## 5　分析結果の評価

```
# ステップ 1
y_train_pred = model_rfr.predict(X_train)
y_test_pred = model_rfr.predict(X_test)

# ステップ 2
rmse_train = mean_squared_error(
    y_train,
    y_train_pred,
    squared=False
)
rmse_test = mean_squared_error(
    y_test,
    y_test_pred,
    squared=False
)

# ステップ 3
r2_train = r2_score(y_train, y_train_pred)
r2_test = r2_score(y_test, y_test_pred)
```

コード 9-5

学習用と評価用の犯罪件数予測を取り出して（ステップ 1），それぞれの場合の二乗平均平方根誤差（ステップ 2）と決定係数（ステップ 3）を計算しています。

squared=False で二乗平均平方根誤差になります。何も指定しないとデフォルトの True が適用されて平均二乗誤差になります。

決定係数と二乗平均平方根誤差を表示します。

コード 9-6
```
print("RMSE学習:", rmse_train, ", RMSE評価:", rmse_test)
print("R-sq学習:", r2_train, ", R-sq評価:", r2_test)
```

## ↳ 出力結果
RMSE 学習：0.8304062670873419 , RMSE 評価：2.458638522565331
R-sq 学習：0.9645738899274929 , R-sq 評価：0.7438581754041189

学習用データの決定係数は 0.96 と非常に高く，犯罪件数の 96% が地域の特徴量で説明できています。一方，評価用データの決定係数は 0.74 に下がりますが，まずまずの結果でしょう。

もし，評価用データの決定係数が 0.4 のように低ければ，学習用データだけによくあてはまる過学習になっていることを表しています。

学習用データの二乗平均平方根誤差（RMSE）は 0.83 なのに対して，評価用データの二乗平均平方根誤差は 2.45 と高くなり，予測値と正解値の差である誤差が増加しています。この誤差が大きいかどうかを判断するために，平均値と中央値を計算してみましょう。

コード 9-7
```
print(y_train.median())
print(y_train.mean())
```

## ↳ 出力結果
15.911048229575503
15.832757363071508

コード 9-8
```
print(y_test.median())
```

```
print(y_test.mean())
```

**出力結果**

16.153316575147684
15.89758388859114

　犯罪件数の平均は 15，中央値は 16 前後なので，二乗平均平方根誤差が 2.5 というのは，平均や中央値の 16% 程度です。

　二乗平均平方根誤差は元の数字の水準によって大きくなったり小さくなったりするので，平均や中央値と比べています。このとき，何% ならよいという明確な基準はないのですが，平均や中央値の 10 倍とかのように極端に大きな値であれば予測としては意味がないといえるでしょう。

　平均と中央値のいずれで評価しても，学習用データのときに比べると精度は下がりますが，それほど悪くない予測のようです。

## ランダム・フォレストによる回帰分析

### 1　犯罪件数と予測した犯罪件数の図

　犯罪件数と予測した犯罪件数を図で示します。

```
import matplotlib.pyplot as plt                     コード9-9
import japanize_matplotlib
import seaborn as sns

test_results = pd.DataFrame({
    "y_test": y_test,
    "y 予測": y_test_pred,
})
```

```
test_results.plot(
    kind="scatter",
    x="y_test",
    y="y予測",
    color="b",
    title="犯罪件数と犯罪件数予測の関係",
    grid=True
)
```

図 9-1 コード 9-9 の出力結果

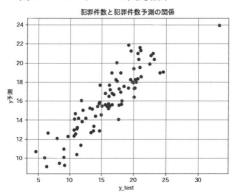

図 9-1 のようなグラフが出力されます。なんとなくうまく予測できていそうです。

## 2 45度線の追加

犯罪件数と予測した犯罪件数を図で示すときに，横軸の値が 0〜30 の範囲に 45 度線（y=x）を入れてみます。

```
import numpy as np

x = np.arange(0, 30)
```
コード 9-10

```
y = x

x1 = test_results["y_test"]
y1 = test_results["y予測"]

fig = plt.figure()
ax = fig.add_subplot(1, 1, 1)
plt.xlabel("y_test", fontsize=15)
plt.ylabel("y予測", fontsize=15)
ax.scatter(x1, y1, s=50, c="b")
ax.grid(True)
ax.plot(x, y, c="r")
```

図 9-2 コード 9-10 の出力結果

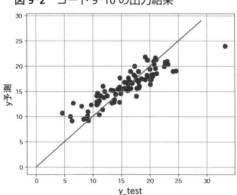

図9-2のようなグラフが出力されます。

100%完璧に予測できていれば(犯罪件数＝予測した犯罪件数),すべての点は45度線の上に来ます。45度線の付近に多くの点があるので,悪くない予測でしょう。

## 3 特徴量の寄与

次に,犯罪件数を予測するのに重要な特徴量を図で示します。

```
rf_imp = pd.DataFrame({                                    コード9-11
    "寄与": model_rfr.feature_importances_,
    "変数": X2.columns,
})
rf_imp = rf_imp.sort_values(by="寄与", ascending=False)

plt.figure(figsize=(8, 6))
sns.barplot(
    x="寄与",
    y="変数",
    data=rf_imp,
    hue="変数",
    dodge=False,
    orient="h"
)
plt.title("ランダム・フォレスト変数寄与", fontsize=16)
plt.ylabel("変数", fontsize=16)
plt.xlabel("寄与", fontsize=16)

plt.show()
```

図9-3のようなグラフが出力されます。

住居の最寄駅からの平均距離，地域の平均収入や所得格差が重要なことがわかります。一方，年齢や生活満足度はほかの特徴量に比べると重要ではありません。

図9-2で見たように精度の悪くないモデルであれば，新しい地域のデータ（住民の平均年齢など）を使って，●●_testに相当する部分の作業を繰り返せば，犯罪率を予測できます。

ただ，犯罪率の場合には，予測するよりも変数寄与の結果のほうが有用でしょう。日本であれば，犯罪率を予測しなくても，多くの地域における実際の犯罪率のデータが公開されているからです。むしろ，変数寄与を参考にして，最寄駅からの距離が犯罪率に強く関係していることがわかれば，警察官が駅の近くを重点的に見回りするといったような対策を講じることで犯罪率の低下が期待できます。

**図9-3 コード9-11の出力結果**

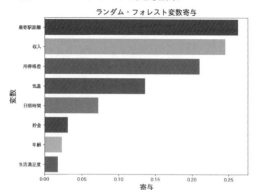

（注）あくまで架空のデータです。

 データの再現*

これまではあまり細かいことを気にしないようにしていましたが，データの再現について少し説明をしましょう。

### 1 乱数のシード

学習用と評価用データを分けるときに，random_state=1 のように乱数のシードを指定したり，test_size=0.25 のように評価用データのサイズを全体の 25% に指定したりできます。

コード 9-2 の test_size と rondom_state を変更してみます。

```
y = X["犯罪件数"]
X2 = X.copy().drop("犯罪件数", axis=1)
```
コード9-12

```
[
    X_train,
    X_test,
    y_train,
    y_test
] = sklearn.model_selection.train_test_split(
    X2, y, test_size=0.25, random_state=1
)
```

各変数の長さを確認してみます。

```
print(len(X2))
print(len(X_train))
print(len(X_test))
```

コード 9-13

## ↳ 出力結果

350
262
88

350 個の地域データのうち，262 個（＝350×0.75）は学習用に，88 個（＝350×0.25）は評価用に分けられます。

学習用と評価用データの平均と中央値を示します。

```
print(y_train.median())
print(y_train.mean())

print(y_test.median())
print(y_test.mean())
```

コード 9-14

## ↳ 出力結果

16.209991004317253
15.984154527038438
15.095326683591894

15.44683324132595

## 2 疑似乱数

乱数シードを固定しているので,次回以降,ログアウトしてやり直しても同じ結果となります。

ここで使われているのは**擬似乱数**といいます。

乱数と疑似乱数は微妙に違います。乱数は,第6章でも述べたように規則性がなく,確定的な計算方法がありません(予測不能です)。一方,疑似乱数は,乱数っぽいもので,確定的な計算の結果生成されます(完全に予測不能ではありません)。

このため,乱数シードを同じ値にすれば,毎回同じ擬似乱数が作られます。

### 練習問題

観光地域に関するデータセット chapter09_exercise.xlsx を使って,次の問いを考えてみましょう。

(注) 問4では,データセットの変数から,観光客数をランダム・フォレスト(回帰)によって予測します。

**問1** データセットにどのような変数を含むかを確認してください。

満足度は過去の観光客による評価で,プラスの値が大きいほど満足度が高く,マイナスの値が(絶対値で)大きいほど満足度が低くなります。

最寄空港からの距離は,空港から市街地までの距離です。

観光スポット数は,その地域にある観光スポットの数です。

宿泊料金はその地域のホテル・旅館などの平均宿泊料金です。

飲食料金はその地域のレストラン・居酒屋などの平均飲食料金です。

それぞれの変数の単位は,日照時間は時間,気温は℃,最寄空港からの距離はkm,観光スポット数は個,宿泊料金・飲食料金は円,観光客数は人です。

(注) なお,問4のために生成された架空のデータ chapter09_exercise.xlsx には,

数値が単位にマッチしない変数があります。たとえば，観光スポット数は整数であるべきでしょう。ただ，地域の面積当たり観光スポット数とすれば小数点もありえますし，分析に大幅な支障はないのでそのまま使用してください。

**問2** 学習用と評価用のデータに分けましょう。このとき，評価用のデータは全体の 25％，random_state=0 と指定してください。

学習用と評価用それぞれの地域数はいくつでしょうか。

評価用のデータのうち，最初の 5 個の中身を見てみましょう。

**問3** 観光客数をランダム・フォレスト（回帰）によって予測します。その際，random_state=0 と指定します。

学習用と評価用のそれぞれの決定係数（$R^2$）と二乗平均平方根誤差（RMSE）を示しましょう。

また，評価用の予測値と正解のうち，最初の 5 つを比べてみましょう。

**問4** 地域の観光客数を予測するのに重要な特徴量を図で示しましょう。

# 第10章

# 施策の効果を調べよう

傾向スコア・マッチング

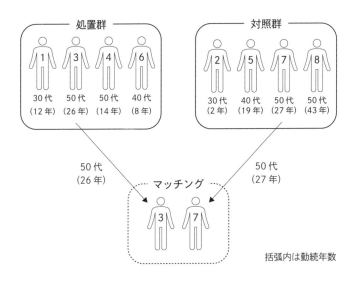

括弧内は勤続年数

　研修の効果を調べてみましょう。たとえば，幸福度研究には，従業員が幸福になると生産性が向上するという見解があります。これに共感したある企業の経営者が，幸福になるための研修を実施しました。このとき，研修を受講した従業員の幸福度に変化があったかかどうかを，手元にあるデータを分析して調べることになりました。なお，すべての従業員がこの研修を受講したわけではないとします。

# 1 傾向スコア・マッチング

**傾向スコア・マッチング**（propensity score matching：**PSM**）は，なんらかの処置の効果を調べる（**因果推論**）ときに使われます。処置が原因，効果が結果という関係性です。処置と聞くとわかりづらいですが，治療，研修，マーケティング戦略，政策などいろいろな事例の効果といえばイメージがわくでしょうか。

たとえば，治療薬の効果を知りたいとします。実は，単純に投薬された人たちをそうでない人たちと比べてもその効果はわかりません。プラシーボ効果というものを聞いたことがあるでしょうか。まったく効果のない薬でも，薬を飲んだという事実によって気分的に症状が改善することがあるのです。薬としての成分が入っていない偽薬のことをプラシーボやプラセボといいます。

このため，第5章で見たような単純な回帰分析（$y$：治療薬の効果，$x$：投薬の有無）によって，投薬による効果があったように見えても，その薬によって症状が改善したかどうかという因果関係はわかりません。

そこで，投薬された2つのグループの人たちを比べることになりますが，このとき傾向スコア・マッチングの出番となります。

前述のようなプラシーボ効果に対処するには，1つのグループでは効果を測定したい薬を投薬するのに対し，もう1つのグループには効果のない偽薬を与えるとよいでしょう。

ただ，2つのグループの人たちを比較するときには，両者に投薬する以外にも，気をつけないといけないことがあります。彼らの性質（属性）が似ていないといけないのです。血圧の高い50代男性たちと血圧に問題ない20代女性たちを比べてもあまり意味のある比較とはならないことは想像できるでしょう。しかし，観察されたデータでは属性に偏

図 **10**-1 傾向スコア・マッチングのイメージ

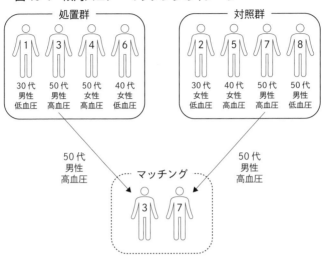

りがあることが多くあります。

そこで，属性が似たものを対応させるのが，**傾向スコア**によるマッチングです。傾向スコアとは，いろいろな属性を1つの値にまとめたくらいの意味（きちんというと，属性から予測した処置を受ける確率のこと）です。そのスコアが近ければ似たような人と判断します。たとえば，年齢が50代，性別は男性，元の血圧が高いと似たスコアになりますが，彼らは治療を受ける確率が同じくらいなので現実にも則しているでしょう。

こうして，処置群（処置を受けた群）と対照群（処置を受けない群）を傾向スコアに基づいてマッチングして，似た者同士を比較することで処置の効果を推定します（図10-1）。観察された（処置群と対照群への割り振りを無作為に行えない）データの研究（特に社会科学）ではよく使われる手法です。

ビジネスでの一例として，一部の顧客に行われた企業の販売プロモーション後，その効果を知りたい状況などが考えられます。その場合，プ

ロモーションを受けた顧客（処置群）とそうでない顧客（対照群）の間で，年齢や性別などの属性（共変量と呼ばれます）に基づいて似たような顧客をマッチングしたうえで，彼らの間で商品購入額に差があるかを調べます。効果を検証することで，有効なマーケティング戦略の判断材料になります。

## 傾向スコアの導出

### 1 データの取り込み

分析に使う Excel データを取り込み，その内容を見てみましょう。

```
import pandas as pd
import seaborn as sns

df = pd.read_excel("data/chapter10.xlsx")
df.head()
```

コード 10-1

↳ 出力結果

|   | ID | Treatment | Age | EmpLength | HappyBefore | HappyAfter |
|---|----|-----------|-----|-----------|-------------|------------|
| 0 | 0  | 0         | 42  | 10        | -2.557477   | -3.459029  |
| 1 | 1  | 1         | 41  | 16        | 1.421153    | 2.800646   |
| 2 | 2  | 0         | 41  | 20        | 1.277546    | 0.576909   |
| 3 | 3  | 0         | 36  | 15        | -0.738553   | -0.983875  |
| 4 | 4  | 0         | 41  | 13        | 0.774198    | 0.595918   |

ID は各従業員に付された番号です。従業員ごとに，次の情報が収められています。Treatment は研修受講の有無で，研修を受けていれば 1，受けていなければ 0，Age は年齢，EmpLength は勤続年数，HappyBefore は研修実施前の幸福度，HappyAfter は研修実施後の幸福度です。

−10から10までの範囲で測られた幸福度は,プラスの値が大きいほど幸福度が高い(もしくはマイナスの値が大きいほど幸福度が低い)状態を意味しています。

ここでは,研修を受けることによって,幸福度が改善するかどうかを見ていきます。

### 2 データの確認

今まで通りにlen()でデータ数を見てもよいのですが,ここではもう少し詳しい情報が得られる方法を試しましょう。

```
df.describe()
```
コード 10-2

describe()を使うと,データ数だけでなく,それぞれの変数の平均などがわかります。

#### ↳ 出力結果

|  | ID | Treatment | Age | EmpLength |
|---|---|---|---|---|
| count | 800.0000 | 800.000000 | 800.000000 | 800.000000 |
| mean | 399.5000 | 0.410000 | 38.171250 | 13.002500 |
| std | 231.0844 | 0.492141 | 6.100077 | 4.102564 |
| min | 0.0000 | 0.000000 | 18.000000 | 0.000000 |
| 25% | 199.7500 | 0.000000 | 34.000000 | 10.000000 |
| 50% | 399.5000 | 0.000000 | 38.000000 | 13.000000 |
| 75% | 599.2500 | 1.000000 | 42.000000 | 16.000000 |
| max | 799.0000 | 1.000000 | 60.000000 | 28.000000 |

| HappyBefore | HappyAfter |
|---|---|
| 800.000000 | 800.000000 |
| 0.610583 | 1.292100 |
| 2.130407 | 2.560352 |

| | |
|---|---|
| -5.218280 | -5.555822 |
| -0.797149 | -0.413204 |
| 0.629282 | 1.320654 |
| 2.089596 | 2.980765 |
| 7.883599 | 9.572593 |

countの行より，800人分の従業員のデータがあることがわかります。また，meanの行より，従業員の平均年齢は38歳，stdの行より，平均からの散らばり具合を示す標準偏差は6歳，minの行より，従業員の最少年齢は18歳，maxの行より，従業員の最高年齢は60歳となっています。それ以外にも，四分位数といって，年齢を低いものから順番に並べたときに，年齢のデータを4等分した区切りの値もわかります。25%（第1四分位数）は34歳，50%（中央値）は38歳，75%（第3四分位数）は42歳といった具合です。

### 3 傾向スコアの導出

傾向スコアを導出して，データフレームの最後の列に追加します。

```
from sklearn.linear_model import LogisticRegression

X = df[["Age", "EmpLength", "HappyBefore"]]
y = df["Treatment"]

# ステップ1
model = LogisticRegression()
model.fit(X, y)

# ステップ2
prop_score = model.predict_proba(X)

# ステップ3
df["prop"] = prop_score[:, 1]
df.head()
```
コード10-3

## 出力結果

|   | ID | Treatment | Age | EmpLength | HappyBefore | HappyAfter | prop |
|---|----|-----------|-----|-----------|-------------|------------|----------|
| 0 | 0  | 0         | 42  | 10        | -2.557477   | -3.459029  | 0.180489 |
| 1 | 1  | 1         | 41  | 16        | 1.421153    | 2.800646   | 0.658265 |
| 2 | 2  | 0         | 41  | 20        | 1.277546    | 0.576909   | 0.800287 |
| 3 | 3  | 0         | 36  | 15        | -0.738553   | -0.983875  | 0.326849 |
| 4 | 4  | 0         | 41  | 13        | 0.774198    | 0.595918   | 0.473275 |

回帰分析に関連する機能群の sklearn.linear_model に含まれる，LogisticRegression でロジスティック分析を行います。

ロジスティック分析というと難しそうに聞こえますが，第5章の回帰分析で学んだことと大差ありません。第5章では，$y$（左辺）が連続変数でしたが，それが離散変数（1と0の2つだけ）になったという理解で本書では大丈夫です。ここでは年齢や勤続年数などから研修を受講している確率を予測します。

コード 10-3 のステップ1では，ロジスティック分析を行っています。

ステップ2では，分析結果の予測値として傾向スコアを求めています。prop_score は2列からなり，Treatment=1 となる予測確率はその2列目です。

ステップ3は，予測確率（[:, 1] は「すべての行の1列目」という意味です）のデータを取り出し，そのスコアを prop という列名で，データフレームの最後の列に追加しています。

### たまにある質問

計量経済学を学ぶと，目的変数，説明変数，独立変数，従属変数と本によっていろいろ出てきて混乱しています。違いを教えてください。

目的変数と従属変数は同じ（いわゆる $y$），説明変数と独立変数は同じ（いわゆる $x$）。呼び方が違うだけで同じと考えて大丈夫です。

## 4 重なり具合のチェック

ヒストグラムを描いて、処置群と対照群の傾向スコアの重なり具合をチェックします。重なっている部分にマッチングが適用されます。逆にいえば、重なっている部分がないとマッチングできません。

```
sns.histplot(
    data=df,
    x="prop",
    hue="Treatment",
)
```
コード 10-4

図 10-2 のような図が出力されます

重なっている部分を使ってうまくマッチングできそうです。

たとえば、うまく重なっていない図の例は図 10-3 のような感じです。この場合、マッチングができません。

**図 10-2　コード 10-4 の出力結果**

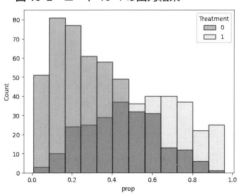

**図 10-3 重なり部分がないグラフの例**

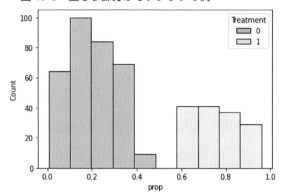

 傾向スコア・マッチングによる分析

これ以降は、他章と違ってコードが長く、難しいと感じるかもしれません。これは、関数を指定するくらいで容易に結果が出ていた他章と違って、本章では最終結果までの導出過程を書き起こしているからです。導出過程の理論を理解するだけでなく、理論をコードに書き起こしているという、2重の意味で難しくなっているのです。

ただ、第1節で大まかな考え方を理解していれば、心配はいりません。「木を見て森を見ず」にならないように、本章に限ってはコードの詳細などはあまり気にしないでください。コードをコピーして読み進めていき、最終結果である研修の効果があったかどうかの議論（図 10-4 の出力と説明）まで進みましょう。

それではコードを書く勉強にならないと思われる方もいるかもしれませんが、これまでの章で導出過程を自分で書かない（ライブラリが提供する関数内で処理されている）ような便利なコードを使っていたのと同じこと

です。一応，(注) などで補足説明をしますが，コードの詳細に関しては学習のステージに合わせて慣れていくぐらいの気構えで読んでください。

## *1* グループ分け

傾向スコアの水準に基づいて 20（＝傾向スコアを 0.05 刻み）のグループに分けます。

グループの数を多く（＝傾向スコアを細かく刻む）すると厳密なマッチングになり，逆に，グループの数を少なく（＝傾向スコアを荒く刻む）すると緩やかな条件によるマッチングになります。一見厳密なマッチングのほうがよさそうに思えますが，グループ数を多くするとマッチングしにくくなるので，データに合わせて適宜グループ数を決めています。

```
df["group"] = (df.prop * 20).astype(int)
df.head()
```
コード 10-5

傾向スコアを 20 倍したものを整数に丸めて，グループ（group）という名称でその値をデータフレームの最後の列に追加します。傾向スコアが 0～0.049 ならグループ 0，0.05～0.09 ならグループ 1，0.1～0.149 ならグループ 2，0.15～0.19 ならグループ 3，……，0.95～0.99 までならグループ 19 といった具合です。従業員 0 の傾向スコアは 0.18 なのでグループ 3 になっているのを確認できます。

### 出力結果

|   | ID | Treatment | Age | EmpLength | HappyBefore | HappyAfter |
|---|----|-----------|-----|-----------|-------------|------------|
| 0 | 0  | 0         | 42  | 10        | -2.557477   | -3.459029  |
| 1 | 1  | 1         | 41  | 16        | 1.421153    | 2.800646   |
| 2 | 2  | 0         | 41  | 20        | 1.277546    | 0.576909   |
| 3 | 3  | 0         | 36  | 15        | -0.738553   | -0.983875  |
| 4 | 4  | 0         | 41  | 13        | 0.774198    | 0.595918   |

| prop | group |
|---|---|
| 0.180489 | 3 |
| 0.658265 | 13 |
| 0.800287 | 16 |
| 0.326849 | 6 |
| 0.473275 | 9 |

## 2 グループごとの平均の比較

研修受講の有無ごとに，各グループの研修実施後の幸福度の平均を比べるために，ps_match_a というデータフレームを作成してみましょう。変数名末尾の a は研修後（After）の意味です。

```
ps_match_a = (
    df.groupby(
        ["group", "Treatment"]
    )["HappyAfter"]
    .mean()
    .unstack("Treatment")
)
ps_match_a.head()
```

コード 10-6

↳出力結果

| Treatment | 0 | 1 |
|---|---|---|
| group | | |
| 0 | -2.669705 | NaN |
| 1 | -1.061412 | -0.129104 |
| 2 | -0.797493 | 0.629578 |
| 3 | -0.411590 | 1.050714 |
| 4 | -0.193848 | 1.723015 |

NaN ということは，グループ 0 には Treatment=1 のデータがありません。このグループでは，Treatment=1 とのマッチングは行われません。

なお，unstack("Treatment") は表を見やすくするためのもので，な

くても同じ内容の情報が示されます。この部分を削除して実行した出力と比べるとその違いがわかります。unstack() の行を入れないと、グループごとに Treatment の 0 と 1 が縦に表記されます。

### *3* グループごとの平均の差

次の分析のために、行頭の Treatment=0 を untreated、Treatment=1 を treated と出力されるように変えます。

```
ps_match_a.columns = ["untreated", "treated"]
ps_match_a.head()
```
コード 10-7

#### ↳ 出力結果

|  | untreated | treated |
|---|---|---|
| group |  |  |
| 0 | -2.669705 | NaN |
| 1 | -1.061412 | -0.129104 |
| 2 | -0.797493 | 0.629578 |
| 3 | -0.411590 | 1.050714 |
| 4 | -0.193848 | 1.723015 |

グループごとに、treated と untreated の幸福度の差を difference として最後の列に追加します。

```
ps_match_a["difference"] = (
    ps_match_a.treated - ps_match_a.untreated
)
ps_match_a.head()
```
コード 10-8

### ↳出力結果

|  | untreated | treated | difference |
|---|---|---|---|
| group |  |  |  |
| 0 | -2.669705 | NaN | NaN |
| 1 | -1.061412 | -0.129104 | 0.932308 |
| 2 | -0.797493 | 0.629578 | 1.427071 |
| 3 | -0.411590 | 1.050714 | 1.462304 |
| 4 | -0.193848 | 1.723015 | 1.916863 |

処置群と対照群の差の平均を求めます。

```
ps_match_a.difference.mean()
```
コード10-9

### ↳出力結果
1.547005074761868

各グループ内での difference（＝マッチングされた処置群と対照群の差）を平均したものが導出されます。

研修を受けたグループの幸福度の方が1.5程度高く，研修の効果があったといってよさそうです。

ここでは，同じグループ内で，処置群の幸福度の平均と対照群の幸福度の平均の差をとり，次に，すべてのグループで，この「平均の差」の平均をとることで「平均処置効果」を導出しているのがポイントです。

## 4 図の出力

コード10-9で分析は終わったのですが，参考までに，研修実施前と後の処置群と対照群の幸福度を図に描いて比べてみます。

```
# ブロック 1
ps_match_a2 = ps_match_a.drop(
    ps_match_a.index[[0, 19]]
)

treatment_after = (ps_match_a2.treated.mean())
control_after = (ps_match_a2.untreated.mean())

# ブロック 2
ps_match_b = (
    df.groupby(["group", "Treatment"])[
        "HappyBefore"
    ]
    .mean()
    .unstack("Treatment")
)
ps_match_b.columns = ["untreated", "treated"]

ps_match_b2 = ps_match_b.drop(
    ps_match_b.index[[0, 19]]
)

treatment_before = (ps_match_b2.treated.mean())
control_before = (ps_match_b2.untreated.mean())

# ブロック 3
import plotly.graph_objects as go

fig = go.Figure(
    data=[
        go.Bar(
            name="Treatment",
            x=["before", "after"],
            y=[
                treatment_before,
                treatment_after,
            ],
        ),
        go.Bar(
            name="Control",
            x=["before", "after"],
            y=[
                control_before,
```

```
                    control_after,
                ],
            ),
        ]
)
fig.update_layout(
    xaxis=dict(tickfont=dict(size=24)),
    yaxis=dict(tickfont=dict(size=24)),
    legend=dict(font=dict(size=24)),
    title="従業員の幸福度",
    font=dict(size=18),
)
fig.show()
```

### ブロック1　研修後

前までのコードと同じく，変数末尾のaなどは研修後（Afterの頭文字）を意味します。

drop()を使ってマッチングをしないグループ0と19を除いたうえで，それぞれの群（処置群と対照群）の幸福度の平均を計算します。

### ブロック2　研修前

コード10-6やブロック1で行ったのと同じ処理を研修前にも繰り返します。変数末尾のbは研修前（Beforeの頭文字）を意味します。

### ブロック3　作図

研修前と研修後のそれぞれの群（処置群と対照群）の幸福度を比べるための図を描きます。

(注) plotly.graph_objectsは初登場ですが，少し複雑な図を描くときに便利です。Figure()のさまざまな引数を入れ子にして指定することで，グラフの種類やレイアウト，タイトルを調整できます。ブロック3の終わりではフォントサイズの調整などもしています。

### 図 10-4 コード 10-10 の出力結果

従業員の幸福度

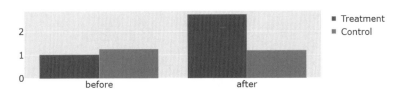

図 10-4 のような図が出力されます。

before は研修前，after は研修後。研修前後で，Treatment（処置群）と Control（対照群）の幸福度が棒グラフの高さで比較できるように描かれています。

図を見ると，研修実施前には，処置群と対照群の幸福度はあまり変わらない（むしろ，対照群の幸福度のほうがわずかに高いくらい）でしたが，研修実施後には，研修を受けた処置群のほうがかなり高い幸福度を示しています。図にすると，研修の効果がわかりやすいですね。

## 5 傾向スコア・マッチングとランダム化比較試験*

処置群（処置を受けた群）と対照群（処置を受けない群）を比較するときに，傾向スコア・マッチングのような面倒な手続きをしなくても，最初から両者の属性に差がないようにすればよいと思われるかもしれません。それが**ランダム化比較試験**（randomized controlled trial：**RCT**）です。両者の属性に差がないように設計して実験を行うものです。

因果推論には，ランダム化比較試験が望ましいとされていますが，現実にはランダム化比較試験を使えないことも多くあります。

たとえば，治療をランダムに行うことは（一部の人たちが治療を受けられないため）倫理的に問題です。また，実験で収集したデータの分析が中心の自然科学と違い，観察されたデータを扱う社会科学では最初から処置群と対照群の属性が同じでないことがあります。費用的な問題から

ランダム化比較試験の実施が難しいこともあるでしょう。

ランダム化比較試験が行えないような場合には，次善の策として，傾向スコア・マッチングによる手法が検討に値するといえるでしょう。

### 練習問題

ネット販売に関するデータセット chapter10_exercise.xlsx を使って，次の問いを考えてみましょう。

ネット販売を行う企業が，売上を伸ばすためにウェブサイトのデザイン変更を考えています。試験的に一部の顧客だけに新しいデザインを表示し，その数カ月後に新しいデザインの効果を調べることにしました。

**問1** データセットにどのような変数が含まれているのかを確認しましょう。たとえば，ネット閲覧時間の平均，中央値，最短時間，最長時間はいくつでしょう。

なお，ID は顧客につけられた番号です。顧客ごとに以下の情報が含まれています。Age は年齢（歳），Browsing は1日のネット閲覧時間（時間），PurchaseBefore はこれまでのデザインのときの購入額（円），PurchaseAfter は新しいデザインのときの購入額（円）です。Treatment は新しいデザインが表示されたかどうかを示しています。

**問2** 横軸を傾向スコアとしてヒストグラムを描き，処置群（Treatment=1）と対照群（Treatment=0）の傾向スコアの重なり具合をチェックしましょう。

**問3** 傾向スコア・マッチングを使って，新しいデザインが表示される顧客とこれまでのデザインが表示される顧客の購入額を比べてみましょう。その際，傾向スコアの水準に基づいて20のグループに分けて調べましょう。

# 第11章

# 地点間の最短経路を調べよう

ダイクストラ法

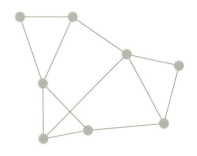

　荷物を届ける運送会社が,出発地から目的地まで最短経路(=最も短い距離や時間)を知りたい場合に役立つ方法を学びます。電車の乗換案内など,いろいろな分野で応用が利く方法です。

忙しい毎日を送る私たち。どこかに行くにはできるだけ近道したいと思うでしょう。ただ，目的地までいろいろな経路がある場合，どうしたらよいか迷ってしまうこともしばしばです。こうした状況を考察するのが**最短経路問題**と呼ばれるものです。

　最短経路問題とは，出発地から目的地までの距離や時間が最も短い経路を探すものです。距離や時間だけでなく，料金が最も安くなる場合も含まれます。

　これまで気づかれなかったかもしれませんが，最短経路問題は私たちの実生活に応用されています。身近なところでは，電車やバスの乗換案内です。目的地に行くのにいくつかの経路がある場合，どの電車やバスを乗り継げば，いちばん早く目的地に着いたり，安く行けたりするかがわかります。

　たとえば，新宿から上野への行き方は1つではありません。乗換案内で調べると，新宿からお茶の水までは中央線快速，お茶の水から秋葉原までは総武線，秋葉原から上野までは山手線を使うと，乗り換えを含めて21分かかり，ICカード使用時の料金は208円です。新宿から神田まで中央線快速，神田から上野まで京浜東北線を使うと，料金208円と変わりませんが，時間は23分と2分余計にかかることがわかります。

　カーナビも同様です。いくつもある出発地から目的地までの経路のうち，最短距離や最短時間の経路を調べることができます。急ぐときには最短時間の情報は重宝しますし，ガソリン代が気になるときには走行距離が短いと助かります。また，こうした普段使いだけでなく，災害など緊急の際に使う避難経路案内といった使い方もあります。

　このように，実務的に応用範囲が広い最短経路問題ですが，本章で扱う**ダイクストラ法**（Dijkstra's algorithm）は，最短経路を導く理論的に最も効率的なアルゴリズムだとされています。

# 1 ダイクストラ法

 出発地 A 市から目的地 H 市まで荷物を届ける運送会社が，最短経路（＝最も短い距離）を知りたいとしましょう。

 A 市から H 市まで行くには複数の経路があり，どの経路を使うかでその距離が違います。その様子を描いたのが図 11-1 です。

 たとえば，A→C→G→H というのは1つの経路ですし，A→B→D→F→H としても目的地に着けます。

 ただ，走行距離が違います。A→C は 7 km，C→G は 8 km，G→H は 10 km あるので，A→C→G→H の経路を選択すると全部で 25 km になります。

 一方，A→B→D→F→H を選択すると，A→B は 6 km，B→D は 9 km，D→F は 4 km，F→H は 6 km なので，全部で 25 km になります。

 B，D，F と 3 つの市を経由する A→B→D→F→H のほうが，C，G

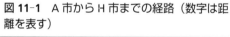

**図 11-1 A 市から H 市までの経路（数字は距離を表す）**

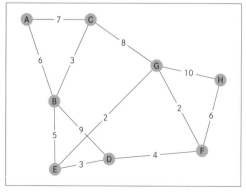

と2つの市を経由する A→C→G→H より遠回りに見えますが，全体の距離は変わりません。

どの市を経由するかによっていろいろな経路があり，1つひとつ手動で距離を計算するのは大変です。ここで役に立つのがダイクストラ法です。

まずはテキストファイルからデータを取り込みます。pathlib は初登場ですが，Python に最初から組み込まれているライブラリですので追加でインストールする必要はありません。

```
from pathlib import Path
t = Path("data/chapter11.txt").read_text()
print(t)
```
コード 11-1

## ↳ 出力結果

```
A B 6
A C 7
B C 3
B D 9
B E 5
D E 3
C G 8
D F 4
E G 2
F G 2
F H 6
G H 10
```

ダイクストラ法の処理を提供している networkx ライブラリをインポートします。そして，テキストファイルの内容を格納した G という変数について処理していきます。

```
import networkx as nx
```
コード 11-2

```
G = nx.read_weighted_edgelist("data/chapter11.txt")

path = nx.dijkstra_path(G, "A", "H")
length = nx.dijkstra_path_length(G, "A", "H")

print(path)
print(length)
```

nx.dijkstra_path() では最短経路を計算し，nx.dijkstra_path_length() では最短経路の総距離を求めています。それぞれ引数の "A" と "H" を変えるとほかの経路も調べられます。

### 出力結果
```
['A', 'B', 'E', 'G', 'F', 'H']
21.0
```

最短経路は A→B→E→G→F→H で，総距離は 21 km になります。

A→B は 6 km，B→E は 5 km，E→G は 2 km，G→F は 2 km，F→H は 6 km なので，全部で 21 km と間違いありません。いろいろな市を経由する複雑な経路が最短距離なわけです。

## ダイクストラ法のアルゴリズムのイメージ*

ダイクストラ法はどのようにして最短経路を導出しているのでしょうか？ ダイクストラ法では，出発地から近いところから順に最短経路を確定していくことで，目的地までの最短経路を見つけます。実際にどのように行われるかを見てみましょう。

出発地 A から A への最短経路は 0 なので，A が確定します。

A からは B と C への経路があります（図 11-2）。

　A－B　なら，距離は 6

**図 11-2**

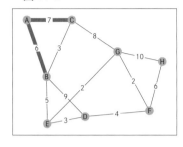

**図 11-3**

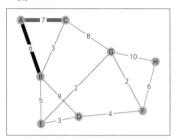

**図 11-4**

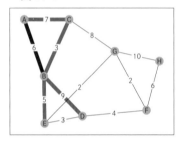

**図 11-5**

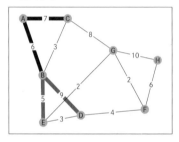

　A−C　で，距離は 7

したがって，最短経路は <u>A−B となり，B までの距離は 6 で確定します</u>（図 11-3：以下，確定した経路は網掛けを濃くしています）。

次に，B からは C，D，E への経路があります（図 11-4）。

A から C へは，

　A−C　で，距離は 7

　A−B−C　で，距離は 6+3=9

したがって，最短経路は <u>A−C で，距離は 7 で確定します</u>（図 11-5）。

C からは G への経路があります（図 11-6）。

A から E へは，

　A−B−E　だと，距離は 6+5=11

図 11-6

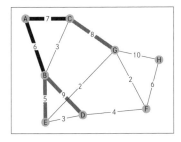

図 11-7

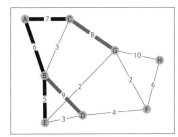

図 11-8

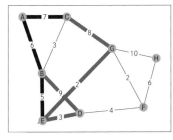

図 11-9

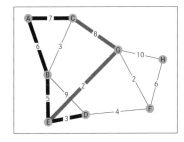

A−B−D−E だと，距離は 6+9+3=18

したがって，最短経路は A−B−E で，距離は 11 で確定します（図11-7）。

E からは G と D への経路があります（図11-8）。

A から D へは，

　A−B−E−D　で，距離は 6+5+3=14

　A−B−D　で，距離は 6+9=15

　A−C−G−E−D で，距離は 7+8+2+3=20

したがって，最短経路は A−B−E−D で，距離は 14 で確定します（図11-9）。

D からは F の経路があります（図11-10）。

図 11-10

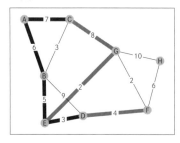

図 11-11

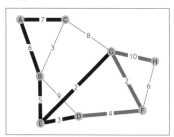

図 11-12

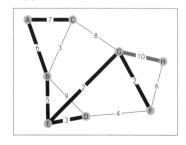

図 11-13

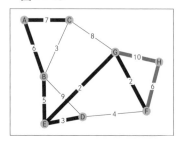

図 11-14

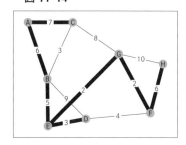

A から G へは，

 A − B − E − G　で，距離は $6+5+2=13$

 A − C − G　で，距離は $7+8=15$

186　第 11 章　地点間の最短経路を調べよう

したがって，最短経路は A−B−E−G で，距離は 13 で確定します。
G からは H と F の経路があります（図 11-11）。

A から F への経路は，

　A−B−E−D−F　で，距離は 6+5+3+4 = 18

　A−B−E−G−F　で，距離は 6+5+2+2 = 15

したがって，最短経路は A−B−E−G−F で，距離は 15 で確定します（図 11-12）。

F からは H への経路があります（図 11-13）。

最後に，目的地 H までの経路は 2 つ。

G から H への経路は，

　A−B−E−G−H　で，距離は 6+5+2+10 = 23

F から H への経路は，

　A−B−E−G−F−H　で，距離は 6+5+2+2+6 = 21

したがって，最短経路は A−B−E−G−F−H で，距離は 21 で確定します（図 11-14）。

## 3 ダイクストラ法の図の導出*

図 11-1 は次のコード 11-3，11-4 を実行することで出力できます。ノードは点，エッジは点と点を結ぶ線。線を描くときに weight に指定した数値（ここでは距離）が図に示されます。たとえば，A 市と B 市の間の距離は 6 km といった具合です。

```
import networkx as nx
import matplotlib.pyplot as plt

G2 = nx.Graph()
```
コード 11-3

```
for x in "ABCDEFGH":
    G2.add_node(x)

G2.add_edge("A", "B", weight=6)
G2.add_edge("A", "C", weight=7)
G2.add_edge("B", "C", weight=3)
G2.add_edge("B", "D", weight=9)
G2.add_edge("B", "E", weight=5)
G2.add_edge("C", "G", weight=8)
G2.add_edge("D", "E", weight=3)
G2.add_edge("D", "F", weight=4)
G2.add_edge("E", "G", weight=2)
G2.add_edge("F", "G", weight=2)
G2.add_edge("F", "H", weight=6)
G2.add_edge("G", "H", weight=10)
```

コード 11-4
```
pos = nx.spring_layout(G2, seed=7)
nx.draw_networkx_nodes(G2, pos)
nx.draw_networkx_edges(G2, pos)
nx.draw_networkx_labels(G2, pos)
edge_labels = nx.get_edge_attributes(G2, "weight")
nx.draw_networkx_edge_labels(G2, pos, edge_labels)

plt.show()
```

### 練習問題

出発地 A 市から目的地 H 市まで荷物を届ける運送会社が，最短経路（＝最も短い時間）を知りたいとしましょう。

A 市から H 市まで行くには複数の経路があり，どの経路を使うかでその時間が違います。その様子を描いたのが図 11A-1 です。

たとえば，A→C→G→H というのは 1 つの経路で，その走行時間は 25 時間（A→C は 7 時間，C→G は 8 時間，G→H は 10 時間なので，全部で 25 時間）になります。

最短経路は A→B→E→G→F→H，その総時間は 21 時間なのですが，災害により E→G の道路が閉鎖されてしまいました。

### 図 11A-1　A 市から H 市までの経路

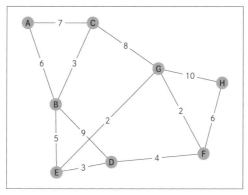

このとき，最短経路とその所要時間を調べましょう。

　ヒント：　本文で使用した chapter11.txt ファイルをどのように修正したらよいでしょうか。ご自身で修正したファイルを読み込んで分析しましょう。

# 第12章

## 変化をシミュレーションしてみよう
SIR モデル

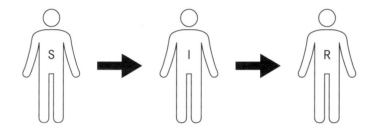

　ネット動画の配信の契約が，口コミの影響でどのように広がるかをシミュレーションしてみましょう。SIR モデルという伝染病の流行を分析するのに使われるモデルを使います。伝染病の流行や予防などを扱う疫学（医学系）のモデルですが，経済や経営などの他分野でも参照されています。

**SIR モデル**は 100 年近く前に提唱された古典的な伝染病の分析モデルです。伝染病の感染を S（非感染），I（感染），R（免疫獲得）という 3 つに分けて，時間の経過とともに感染が広がったり免疫を獲得したりする状況を分析します。近年でも新型コロナウイルス感染症の拡大に伴い，改良したモデルによる予測がメディアで紹介されていました。

　このモデルを扱う理由は，数理モデルに基づいたシミュレーションのイメージをもってもらうことです。大事な点は，結果の予測はなんらかの条件を仮定していること。たとえば，1 人の患者が 2 人に感染させると仮定して，感染の経過を予測します。このため，前提条件によって予測結果が変わってきます。

　本章の例題では，前提条件を変えるとまったく違う結果になりうることを示します。つまり，予測は絶対ではありません。どんな結果もありうるということは，結局，何も予測できていないのと同じです。シミュレーションによる予測を妄信する方もいるようですが，前提条件を吟味しないと意味のある予測はできないことを学びます。

　このモデルを扱う理由はほかにもあります。本書が対象とする社会科学系（経済・経営・社会学など）の方のなかには，どうして伝染病の流行や予防などで扱う疫学（医学系）のモデルを学習するのかと疑問に思われる方もいるかもしれません。実は，社会科学系のトピックスを分析する際にも参考になるのです。

　たとえば，経営・経済学の進化論的ゲーム理論で，どのブランド製品が普及するかといったトピックはその一例です。Technology Adaption と呼ばれる分野で，伝染病の感染モデルが参照されることがあります。

　それ以外にも，在宅勤務や多様性の尊重など，これまで一般的でなかった慣行や意識が社会に浸透する様子を分析するのにも応用できるでしょう。もちろんそのまま使えるとはいいませんが，企業のマーケティングだけでなく，社会の変革まで，幅広いトピックスを分析する際に参考になるモデルだといえます。

図 12-1 口コミにおける SIR モデル

未契約者　インフルエンサー　定着者

# 1 SIR モデル——口コミの分析

次のような設定を考えます（図12-1）。誰も契約をしていないときに，何人かにお試し契約を提供して（＝インフルエンサーを作って）みましょう。

契約を一度もしたことのない人（未契約者をSとします）と配信の評価を拡散する人（インフルエンサーをIとします）がいます。

SはIの影響を受けて（＝口コミを聞いて）契約する人もいれば，契約しない人もいます。Sは契約するとIになります。動画の内容を評価して拡散するわけです。

ただ，お試し契約中のIのなかには，しばらくすると満足して配信契約をずっと継続する決心をした（＝最終契約する）人も出てきます。最終契約すると評価の拡散を止めてしまいます（＝Iでなくなります）。

最終的に，配信契約をずっと継続する決心をした（＝契約が定着した）人をRとしましょう。

### 1　分析の準備

分析結果を図で示す準備をします。

```
import matplotlib.pyplot as plt
import seaborn as sns
import japanize_matplotlib
```
コード 12-1

## 2 分析結果の図示

初期設定をします。SIR モデルの分析をします。

```
S = 0.95
I = 0.05
R = 0

inf = 0.046
cont = 0.018
num = 500

S_list, I_list, R_list = [], [], []

for i in range(num):
    S_t1 = S + (-1 * inf * S * I)
    I_t1 = I + (inf * S * I - cont * I)
    R_t1 = R + (cont * I)

    S_list.append(S_t1)
    I_list.append(I_t1)
    R_list.append(R_t1)

    S = S_t1
    I = I_t1
    R = R_t1
```
コード 12-2

シミュレーションの初期設定として，全人口のうち，お試し契約を提供されたインフルエンサーの割合 I を 0.05（=5%），まだ一度も契約していない人の割合 S を 0.95（=95%）とします。契約が定着（=最終契約）した人である R の割合は 0 です。

口コミが未契約者に与える 1 日当たりの影響力（inf）を 0.046，1 日

**図 12-2　コード 12-3 の出力結果**

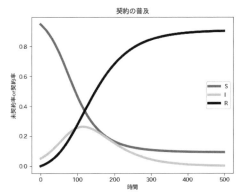

当たりの契約定着率（cont）を 0.018 として，500 日までの状況を分析します。

```
fig = plt.figure()
plt.plot(S_list, label="S")
plt.plot(I_list, label="I")
plt.plot(R_list, label="R")

plt.title("契約の普及")
plt.xlabel("時間")
plt.ylabel("未契約率 or 契約率")
plt.legend()
plt.show()
```
コード 12-3

S_list，I_list，R_list をプロットすることで図 12-2 のようなグラフが出力されます。

100 日過ぎあたりで I が山の頂点を示して，一番口コミが活発になっています。それに合わせるように，S（未契約者）が減り，R（契約定着者）が増えています。R（契約定着者）が S（未契約者）を上回るのも同時期です。

300日を過ぎるころからは、口コミも下火になり、S（未契約者）の減少やR（契約定着者）の増加も落ち着いてきています。

## 2 数値による SIR モデルの確認

このようにSとIとRの3変数で予測するため、SIRモデルといいます。図で契約の普及状況はわかりましたが、SIRモデルによる分析結果をより詳しく分析してみます。

### よくある質問 1

SIR は何を意味していますか。

Sは Susceptible（影響されやすい、無防備な、病気にかかりやすいという意味で、感染していない）、I は Infected（感染した）、R は Recovered（回復したという意味で、SIRモデルでは免疫を獲得したという意味で使われているよう）です。

---

ループ（第2章も参照）の各時点における変数の値を print() を使って表示させてみましょう。まずは、先ほどのコードで S、I、R などの変数の値が更新されているので、あらためて値を初期化します。

```
S = 0.95
I = 0.05
R = 0

inf = 0.046
cont = 0.018
num = 500

S_list, I_list, R_list = [], [], []
```
コード 12-4

```
for i in range(num):
    S_t1 = S + (-1 * inf * S * I)
    I_t1 = I + (inf * S * I - cont * I)
    R_t1 = R + (cont * I)

    S_list.append(S_t1)
    I_list.append(I_t1)
    R_list.append(R_t1)

    S = S_t1
    I = I_t1
    R = R_t1

    print(S)
```

コード 12-2 からの変更点は，最後に print() で変数 S の値を表示させている点です。以下のように数字が 500 行にわたって出力されます。

### ↳ 出力結果

```
0.947815
0.94557900015535
0.9432911698611618
0.9409506841396169
0.9385567248686192
         ⋮
0.09356906927259921
0.093555198962414
0.09354152064545988
0.09352803164549742
0.09351472932409799
```

未契約者 S の計算を見ましょう。

S_t1 = S + (-1 * inf * S * I) の内訳ですが，

- S * I——S が I の口コミに触れる（= S と I が接触）し，
- -1 * inf * S * I——口コミに触れた S のうち，お試し契約して未契約から離脱（なのでマイナス），

**2** 数値による SIR モデルの確認 **197**

**図 12-3　SIR モデルのイメージ**

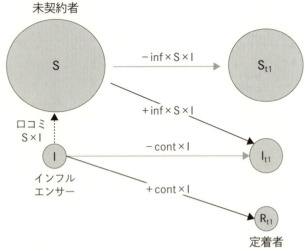

- `S + (-1 * inf * S * I)`——1日後の未契約者 S_t1 は，昨日の未契約者 S から，今日お試し契約した人の分（`inf * S * I`）を引いたものです。その結果，1日後は，$0.95 - 0.046 \times 0.95 \times 0.05 = 0.947815$ になります。

こうして，1日ごとに未契約者 S の割合がどのように変化するかを500日分，繰り返し計算しています。

500日後には，未契約者 S の割合は 9% 程度に落ち着きます。

同様に，`I_t1 = I + (inf * S * I - cont * I)` の内訳は，

- `cont * I`——お試し契約した人のうち，契約継続を決心した人，
- `(inf * S * I - cont * I)`——口コミに触れた S のうち，お試し契約をした人から，契約継続を決心した人を引いたもの，
- `I + (inf * S * I - cont * I)`——1日後のお試し契約者 I_t1 は，昨日のお試し契約者 I に，新規のお試し契約者を足し，継続契約者になった人を引いたものです。その結果，1日後は，$0.05 + 0.046 \times$

$0.95 \times 0.05 - 0.018 \times 0.05 = 0.051285$ になります。

R_t1 = R + (cont * I) の内訳は，

- R + (cont * I) ── 1日後の最終契約者 R_t1 は，昨日の最終契約者 R に，今日最終契約になった人の分 (cont * I) を足したものです。その結果，1日後は，$0 + 0.018 \times 0.05 = 0.0009$ になります。

より詳しく値を確認するために，コード 12-4 の最後の行を print(S, I, R) に変えてみましょう。500 日後には，最終契約者の割合は 90% で落ち着いています。

```
S = 0.95
I = 0.05
R = 0

inf = 0.046
cont = 0.018
num = 500

S_list, I_list, R_list = [], [], []

for i in range(num):
    S_t1 = S + (-1 * inf * S * I)
    I_t1 = I + (inf * S * I - cont * I)
    R_t1 = R + (cont * I)

    S_list.append(S_t1)
    I_list.append(I_t1)
    R_list.append(R_t1)

    S = S_t1
    I = I_t1
    R = R_t1

    print(S, I, R)
```

コード 12-5

### 出力結果

```
0.947815 0.051285000000000004 0.0009
0.94557900015535 0.05259786984465 0.00182313
```

```
0.9432911698611618   0.05393893848163455   0.0027698916572037
0.9409506841396169   0.055308523310510005  0.0037407925498731216
0.9385567248686192   0.05670692916191854   0.0047363459694623015
        ⋮                    ⋮                      ⋮
0.093569069272599921 0.0032225230477468635 0.903208407679656
0.0935551198962414   0.00317838794307263   0.9032664130945155
0.09354152064545988  0.003134855277051442  0.9033236240774908
0.09352803164549742  0.00309191688202269824 0.9033800514724777
0.09351472932409799  0.00304956469954992   0.9034357059763541
```

　変更点は，最後のprint()でS，I，Rそれぞれの値を表示させている点です。

## 練習問題

　ネット動画の配信の契約が，口コミの影響でどのように広がるかをシミュレーションしてみましょう。

　次のような設定を考えます。SIRモデルという伝染病の流行を分析するのに使われるモデルを使います。

　誰も契約をしていないときに，何人かにお試し契約を提供して（＝インフルエンサーを作って）みます。

　契約を一度もしたことのない人（未契約者をSとします）と配信の評価を拡散する人（インフルエンサーをIとします）がいます。

　SはIの影響を受けて（＝口コミを聞いて）契約する人もいれば，契約しない人もいます。Sは契約するとIになります。動画の内容を評価して拡散するわけです。

　ただ，お試し契約中のIのなかには，しばらくすると満足して配信契約をずっと継続する決心をした（＝最終契約する）人も出てきます。最終契約をすると評価の拡散を止めてしまいます（＝Iでなくなります）。

　最終的に，配信契約をずっと継続する決心をした（＝契約が定着した）人をRとしましょう。

　シミュレーションの初期設定として，全人口のうち，お試し契約を提供されたインフルエンサーの割合を0.05（＝5%），まだ一度も契約していない人の割合

Sを0.95（=95％）とします。契約が定着（=最終契約）した人であるRの割合は0です。

口コミが未契約者に与える1日当たりの影響力を0.014，1日当たりの契約定着率を0.018として，500日経過します。

実は，この問題の初期設定は12章の例とほぼ同じですが，口コミが未契約者に与える影響力だけが0.046から0.014に弱くなっています。

**問1** このとき，どのように結果（=普及の仕方）が変わるかを図で見てみましょう。

**問2** 本章の結果と比べて，どのようなことがいえるでしょう。

**問3** 本章の結果と違うのであれば，キーとなる数値を指摘して，その数値が○○なら□□になるといった形で論じてみましょう。

# 第13章

# 限られた条件下での最適解を求めよう
## 線形計画法

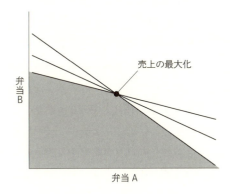

売上を最大にするにはどうしたらよいでしょうか。たくさん作って売ればよいと思われるかもしれません。しかし，たくさん作るには材料が十分にないといった制約に直面することもあります。そこで，こうした制約のもとで売上を最大にするにはどうしたらよいかを調べる方法を学びます。

# 1 線形計画法

　日々の生活で目的を達成するにはどうしたらよいかと思い悩むことがあります。ただ，その際にはいろいろな条件を満たさないといけないのが常です。

　株式投資による資産運用はその一例です。たとえば，100万円で株を買って，そのもうけをできるだけ多くしたいとします。このとき，「100万円という資金の範囲で買える株の銘柄の組み合わせ」という条件のもとで，「値上がり益や配当金を含んだ期待される収益を最大化する」という目的を達成するために購入する株を選択することになります。

　企業の生産計画や輸送計画も同様です。製造・販売する品目が多岐にわたる場合，どの工場でどの製品を生産し（生産費用），そのうち在庫としてどのくらい保有して（在庫費用），どの営業所に輸送するか（輸送費用）を考えなくてはいけません。それぞれの工場で生産したり保管したりできる製品の組み合わせや工場―営業所間の経路によって輸送できる量には上限があるでしょう。こうした条件のもとで，総費用（＝生産費用＋在庫費用＋輸送費用）が最小になるような計画を策定するわけです。

　もっと身近な例にはダイエットがあります。健康状態を損ねないように必要な栄養素を摂取しながら，食べ物の組み合わせを選ぶという問題です。食べ物によって摂取できる栄養素や購入価格が違います。栄養素の高い食べ物は魅力ですが，予算の関係からそればかりは買えないとすれば，栄養素と価格を考慮しながら，費用を最小にする食べ物の組み合わせを探すことになります。

　こうした状況に適用され，最適解を示してくれるのが**線形計画法**（linear programming）です。いろいろな制約条件がある場合に，最大化もしくは最小化といった最適化問題を解く手法だからです。経済学や経営学

を学んだ方にはなじみのあるアプローチでしょう。限られた資源のもとで○○を最大化するというのは，これらの分野では一般的だからです。

本章では，実務的にも応用範囲が広く，数理計画法という分野で古くから使われている線形計画法について学びます。企業における計画の策定だけではなく，個人向けアプリの開発などにも役立ちそうな手法です。

 線形計画法の実践

■例 題

300円の焼魚弁当と900円の焼肉弁当の2種類だけを販売する弁当屋を考えます。弁当は，魚か肉のメインに，付け合わせの惣菜とご飯が付いてきます。惣菜はサラダをイメージするとよいでしょう。

付け合わせの惣菜とご飯の量は決まっており，どの弁当かによって違います。焼魚弁当は，付け合わせ15gにご飯350g，焼肉弁当は，付け合わせ160gにご飯450gです。惣菜とご飯は，いずれの弁当にも同じものを使います。違いは量だけです。

今日は仕入れをしない日なので，惣菜は全部で605g，ご飯は全部で7550gしかありません。

焼魚弁当と焼肉弁当をそれぞれ何個ずつ売れば，今日の売上を最大にできるでしょうか。

## *1* 計算のための準備

pulpというライブラリを使用します。Anaconda NavigatorのEnvironmentsから「pulp」で検索して，ライブラリを追加してから以降のコードを実行してください（詳細は第1章も参照；検索しても見つからない場合，pipコマンドを使用します。詳しく知りたい方は「python pip ライブラリ追加」などのキーワードで検索してみましょう）。

計算のための準備をします。

```
from pulp import *

prob = LpProblem("売上", sense=LpMaximize)

fish = LpVariable(
    "焼魚弁当",
    lowBound=0,
    cat="Integer"
)
meat = LpVariable(
    "焼肉弁当",
    lowBound=0,
    cat="Integer"
)
```
コード 13-1

LpProblem() を使うのは，売上が関心事項だからです。最大化したいので sense=LpMaximize とします。

LpVariable() は，売上を決める弁当の数です。弁当の数は，①負の数にはならない (0 よりも大きい) ので，下限が 0 (lowBound=0)，②整数であるので，cat="Integer" とします。

## 2 式の入力

```
prob += 300 * fish + 900 * meat

prob += 15 * fish + 160 * meat <= 605
prob += 35 * fish + 45 * meat <= 755

prob.solve()

print(fish.value(), meat.value())
```
コード 13-2

LpProblem() は変数を宣言しただけでは動作しません。「関心事項で

ある売上を**目的関数**，上限のある材料を**制約条件**として追加」していき (+= の部分)，solve() で線形計画法を実行するという使い方をします。

300 * fish + 900 * meat は，最大化したい売上の式です。式を日本語で表すと，

$$300 円 \times 焼魚弁当の個数 + 900 円 \times 焼肉弁当の個数$$

になります。

材料の制約条件は2つあって，それぞれ，
- 15 * fish + 160 * meat <= 605——惣菜の量は605 g 以下
- 35 * fish + 45 * meat <= 755——ご飯の量は7550 g 以下

となります（350 * fish + 450 * meat <= 7550 の両辺を10で割っています）。

### ↳出力結果
19.0 2.0

出力結果にあるように，焼魚弁当を19個，焼肉弁当を2個売れば売上が最大になります。今日ある材料だと，焼魚弁当を推すといいようです。

このとき，売上は7500円（= 300円×19個 + 900円×2個）になります。

また，使う惣菜は $15 \times 19 + 160 \times 2 = 605$ g，ご飯は $350 \times 19 + 450 \times 2 = 7550$ g と，両方ともきれいに使い切れます。

## 3 線形計画法の数理モデル*

### 1 数理モデルと図

上記の例題は次のような数理モデルになります。

**図 13-1 焼魚弁当と焼肉弁当の関係性**

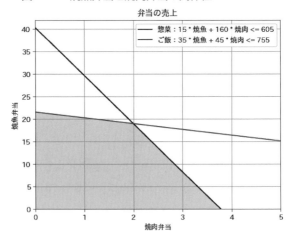

$$\max_{x,y} \; 300\,y + 900\,x$$
$$\text{s.t.} \quad 15\,y + 160\,x \leq 605$$
$$35\,y + 45\,x \leq 755$$
$$y, x \geq 0$$

ただし，$y$ は焼魚弁当の個数，$x$ は焼肉弁当の個数です。これらの関係性を図で示してみましょう（図 13-1）。

灰色の部分は制約条件を満たします。つまり，灰色の範囲内の焼魚弁当と焼肉弁当の個数が作れます。逆に，範囲外の個数は材料が足りないので作れません。

たとえば，焼魚弁当 30 個は範囲外なので作れません。もし焼肉弁当が 0 個なら焼魚弁当のための惣菜は足りるのですが，焼肉弁当が 0 個でも焼魚弁当のためのご飯が足りないからです（焼き魚弁当を 30 個作るためには，ご飯が 350×30 = 10500 g も必要になります）。

## 2 図で確かめる①

図 13-1 は以下のコードを入力すれば描けます。

```
import numpy as np
import matplotlib.pyplot as plt
import japanize_matplotlib
import seaborn as sns

# ステップ1
x = np.arange(0, 5, 0.01)
y1 = (605 / 15) - (160 / 15) * x
y2 = (755 / 35) - (45 / 35) * x
y3 = np.zeros_like(x)
y4 = np.minimum(y1, y2)

# ステップ2
plt.figure()
plt.plot(x, y1, label="惣菜: 15 * 焼魚 + 160 * 焼肉 <= 605")
plt.plot(x, y2, label="ご飯: 35 * 焼魚 + 45 * 焼肉 <= 755")
plt.fill_between(
    x,
    y3,
    y4,
    where=y4 > y3,
    facecolor="gray",
)
plt.title("弁当の売上")
plt.xlabel("焼肉弁当")
plt.ylabel("焼魚弁当")
plt.ylim(0, 42)
plt.xlim(0, 5)
plt.legend(loc=0)
plt.grid()
plt.show()
```

ステップ1ではグラフに対応する式を作っています。

最初に np.arange() を使って0から5まで，0.01 刻みの数値からなるリストを生成して変数 x に代入しています。。

y1 を数式にすると制約条件 $15y + 160x \leq 605$ となります。

**❸** 線形計画法の数理モデル

y2 も同様に制約条件 $35y + 45x \leq 755$ と書き直せます。

`np.zeros_like()` で規定される y3 は，引数に指定したリストに対応する，全部の要素が0のリストを生成します。数式にすると $y = 0$ となります。

y4 は，x のある要素に対して導かれた y1 と y2 を比べて，小さいほうを選びます。

ステップ2では，上記の式の満たす範囲をグラフ上に描画します。

`plt.fill_between()` は，x の各要素について，y3 と y4 を同時に満たす範囲を塗りつぶしています。

### 3 図で確かめる②

先ほど求めた売上7500円という値が，$x = 2$, $y = 19$ で成り立つことを視覚的にも確かめてみましょう。図13-1に売上の式を追加した図が図13-2です。y5 の式（$300y + 900x = 7500$）が追加されているのに注意してください。

制約条件を示す灰色の四角形の頂点に，実際に売上の式の直線が接していることがわかります。

図13-2は以下のコードを入力すれば描けます。

```
x = np.arange(0, 5, 0.01)
y1 = (605 / 15) - (160 / 15) * x
y2 = (755 / 35) - (45 / 35) * x
y3 = np.zeros_like(x)
y4 = np.minimum(y1, y2)
y5 = -(900 / 300) * x + (7500 / 300)

plt.figure()
plt.plot(x, y1, label="惣菜：15 * 焼魚 + 160 * 焼肉 <= 605")
plt.plot(x, y2, label="ご飯：35 * 焼魚 + 45 * 焼肉 <= 755")
plt.plot(x, y5, label="売上：300 * 焼魚 + 900 * 焼肉")
```

コード13-4

```
plt.fill_between(
    x,
    y3,
    y4,
    where=y4 > y3,
    facecolor="gray",
)
plt.title("弁当の売上")
plt.xlabel("焼肉弁当")
plt.ylabel("焼魚弁当")
plt.ylim(0, 42)
plt.xlim(0, 5)
plt.legend(loc=0)
plt.grid()
plt.show()
```

**図13-2　目的関数を追加した図**

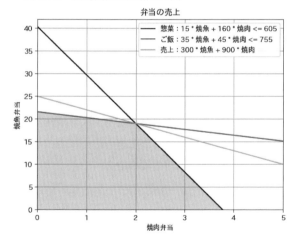

3　線形計画法の数理モデル　　211

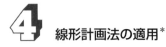

## 4 線形計画法の適用*

　本章では，線形計画法の生産計画問題への適用を身近な例で考えました。線形計画法の典型的な適用例である製造業の生産計画問題とは次のようなものです。何種類かの原材料があり，その配合によって違った製品が製造されます。そこで，限られた原材料を使って，価格の違ういくつかの製品をどのように組み合わせて生産すれば，その総売上が最大になるかを考えるわけです。

　本章の例題では，原材料の配合が違う製品＝ご飯と惣菜の盛り付け量が違う弁当，限られた原材料＝限られたご飯と惣菜の量，価格の違ういくつかの製品＝販売される2種類の弁当のような対応関係のもと，その総売上を最大化するにはどうしたらよいかを考察しました。

　線形計画法を適用する典型的な例には，**ナップザック問題**と呼ばれるものもあります。ナップザック問題とは，詰め込める容量に限度があるナップザックに，価格が違う何種類かの商品を詰めるとき，どのような組み合わせで商品を詰めれば，詰め込まれたすべての商品の価格の総和を最大化できるかを考えるものです。価格の代わりに，容積が違う商品を詰めて，その総重量を最大化する場合もあります。

　本章の冒頭で紹介した株式投資の例はナップザック問題です。ナップザック＝投資の予算額，詰め込める容量の限度＝100万円，価格が違う何種類かの商品＝いろいろな株式の銘柄，商品の価格の総和＝期待される収益のように対応しています。

練習問題

①水を運ぶ最適な経路は？

出発地点 S (start) から目的地 G (goal) まで，1日で，水 24 トンを運ぶとします。S から G までの間には，A 市，B 市，C 市，D 市の 4 つの市があり，いくつかの経路があります。

その状況を描いたのが図 13A-1 で，直線は道路を意味します。

道路の状況によって，水 1 トンを運ぶ費用と 1 日に運べる水量の上限が違っ

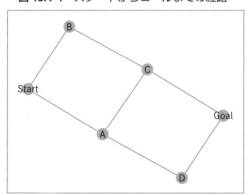

図 13A-1 スタートからゴールまでの経路

表 13A-1 費用表(1)

| 出発 | 到着 | 1トン当たりの費用(万円) | 輸送上限（トン） |
|---|---|---|---|
| S | A | 600 | 18 |
| S | B | 750 | 12 |
| A | C | 900 | 12 |
| A | D | 660 | 9 |
| B | C | 840 | 15 |
| C | G | 570 | 24 |
| D | G | 510 | 15 |

表 13A-2 費用表(2)

| 出発 | 到着 | 1トン当たりの費用(万円) | 輸送上限（トン） |
|---|---|---|---|
| S | A | 600 | 18 |
| S | B | 750 | 12 |
| A | C | 900 | 12 |
| A | D | 660 | 9 |
| B | C | 840 | 15 |
| C | G | 570 | 24 |
| D | G | 510 | 15 |
| S | G | 1800 | 30 |

213

ています。たとえば，SからAまでは，水1トンを運ぶ費用は600万円，運べる水量の上限は18トンです。

また，経路は表13A-1にあるものだけです。たとえば，A市からC市へは一方通行であり，C市からA市には行けません。

**問1** 輸送費用を最小にするには，どの経路で何トンずつ水を運べばよいでしょうか。複数の経路を同時に使うことも構いません。

また，そのときの総費用を求めましょう。

**問2** SからGの間に新しい幹線道路が建設されました。水1トンを運ぶ費用は高速料金の関係もあり1800万円と高くなりますが，1日に運べる水量の上限は30トンです。経路は表13A-2にあるものだけです。

このとき，輸送費用を最小にするには，どの経路で何トンずつ水を運べばよいでしょうか。複数の経路を同時に使うことも構いません。

また，そのときの総費用を求めましょう。

### ②最も効率的に薬品を生産するには？

化学薬品を生産するための費用は生産量によって変わり，生産量を$x$トンとすると，その単位当たりの生産費用は $(x^2 - 4x + 14)$ 億円であるとしましょう。

**問1** 単位当たりの費用と生産量の関係性を図に描いてみましょう。また，その関係性について説明してみましょう。

**問2** 化学薬品を生産するときに単位当たりの費用を最小化するには，その薬品を何トン生産すればよいでしょうか。また，そのときの単位当たりの費用を求めてみましょう。

# 第14章

## 文章の特徴を明らかにしよう

形態素解析

本章の内容から生成したワードクラウド

　文章の資料を分析して，その特徴を調べたいときにはどうしたらよいのでしょうか。これまでは数値の分析でしたが，本章では言語の分析をします。記述式のアンケート結果やネット上の情報からトレンドを分析したりするときに使えます。ここでは，使われている単語の使用頻度によって文章の特徴を調べてみましょう。

# 1 文章の分析

　文章を意味のある最小の単位である単語に区切って，それぞれの単語の品詞を特定するといった分析は，身近なところでは，検索エンジン，メールフィルターやスマートスピーカーなどで使われています。

　たとえば，「今日いちばんアクセスが多いニュースは」と検索すると，「今日」「いちばん」「アクセス」「が」「多い」「ニュース」「は」と7つの単語に分解して，情報として意味がない助詞である「が」と「は」を除いた単語を使って，関連するウェブページを教えてくれます。

　また，メールの文章に「アカウント」「停止」「クレジットカード」「至急」「更新」といった単語があったら，詐欺の可能性が高い迷惑メールとして振り分けてくれます。機械が意味を理解しやすい単語に分割することで，機械による作業が促進されるわけです。

　単語の使用頻度から世間の関心事項を調べることも一例です。最近では，SNSで話題になっているキーワードを本章扉のように可視化した**ワードクラウド**をテレビニュースなどで目にすることが増えました。

　ネットにある文章データの情報からトレンドを把握してマーケティングに役立てたり，世論の動向を把握して政策形成・選挙対策の参考にすることもできます。「台湾」「スイーツ」の記事が増え始めたら店舗に台湾カステラのスペースを設けたりとか，「増税」「反対」といった声が強ければ増税案をトーンダウンさせたりといった具合です（ちなみに，大量の文章データから，役に立つ情報だけを取り出す作業は**テキストマイニング**〔直訳すると「文章の採掘」〕と呼ばれます）。

　商品やサービスの改善にも活用できます。いろいろな意見や感想が述べられるカスタマーレビューや口コミの分析にも使えるからです。「まずい」「甘すぎ」のようなネガティブな単語が多ければ不評，「うまい」

「絶妙」のようなポジティブな単語が多ければ好評といった具合です（感情分析の一例であるネガポジ判定と呼ばれるものです）。

実務か研究かを問わず，記述式のアンケート全般の解析に使える実用的な分析です。

本章では，使われている単語の使用頻度によって文章の特徴を調べます。**形態素解析**（文章を単語に区切って，それぞれの単語の品詞を特定する分析）といいます。また，ワードクラウド形式で分析結果を可視化します。

## 形態素解析

### *1* データの取り込み

分析対象のテキストファイルを読み込みます。

```
from pathlib import Path
text = Path ("data/chapter14.txt").read_text("utf-8")
print(text)
```
コード14-1

#### ↳出力結果

以下は，マイクロソフトが開発した対話式 AI である Web 用 Copilot が，移民の経済学と幸福学というトピックに関して作成した文章を一部改変したものです。…（中略）…「移民の経済学　雇用，経済成長から治安まで，日本は変わるか」（中公新書），「実践　幸福学　科学はいかに幸せを証明するか」（NHK 出版新書），「外国人と共生するための実践ガイドブック　SDGs 多文化共生へのエビデンス」（日本評論社）を一読されることをお勧めいたします。

### *2* 分析の準備

本章の分析に必要な下記ライブラリを Anaconda Navigator からインストールします（前章同様，見つからない場合は pip コマンドを使ってください）。

- mecab-python3

- unidic
- wordcloud

形態素解析やワードクラウドの準備をします。

```
import MeCab
import unidic
import collections
from wordcloud import WordCloud
```
コード 14-2

上の3つは文章を単語に分解して分析するのに使います。4つ目のwordcloud は分析結果をワードクラウドで示すのに使います(<u>大文字小文字の区別に注意してください</u>)。

### 3 リストの作成

文章のうち、名詞だけを抜き出して、リストを作成します。どのような名詞が使われているかを調べることで文章の特徴を見ます。

```
tagger = MeCab.Tagger()

node = tagger.parseToNode(text)

words = []
while node:
    node_features = node.feature.split(",")
    if node_features[0] == "名詞":
        words.append(node.surface)
    node = node.next
```
コード 14-3

文章を単語に区切って、それぞれの単語の品詞を特定して、名詞だけを抜き出していきます。

たとえば、「移民の経済は、新しい研究分野です。」という文であれば、

移民 / の / 経済 / は / 新しい / 研究 / 分野 / です

のように 8 つに分けられ，そのうち，名詞である移民，経済，研究，分野の 4 つだけがリストに入ります。

　気になる方のために補足すると，MeCab.Tagger で単語に分解するための準備をしています。そこに，parseToNode(text) で，与えられた文章（text）を単語ごとに分解します。そして，words = [] で文章のなかから見つけた名詞を入れるための空の箱（リスト）を用意します。while node: は「node がある限り繰り返す」という意味です。つまり，文章の最後まで見ていきます。それ以降のコードは，各単語の情報（品詞など）を取り出し（node.feature.split(",")），もしその単語が名詞だったら（if node_features[0] == "名詞":），その単語を先ほど用意した箱（words）に入れ（words.append(node.surface)），次の単語に移動する（node.next）ということを表しています。

　慣れないうちはおおまかな流れを押さえておけば，あまり細かいことを気にしなくても構いません。

### よくある質問

**コードを実行すると RuntimeError と表示されて止まってしまいます。**

　ライブラリの中身がうまくインストールされなかったことによるエラーです。下記のコマンドを実行すると解決することがあります。

```
python -m unidic download
```

---

words と入力して，リストを見てみましょう。
長いリストなので，ここではその一部（先頭 10 個）だけ見てみます（全体を確認したい場合は words とだけ入力します）。

```
words[0:10]
```
コード 14-4

## ↳出力結果

```
['以下', 'マイクロ', 'ソフト', '開発', '対話', '式', 'AI', 'Web', 'Copilot', '移民']
```

### 4 分析結果の確認①

それぞれの名詞が何回使われているかを数えることもできます。

```
ct = collections.Counter(words)
print(ct)
```
コード 14-5

colletcions.Counter() はリストなどに対して，各要素（名詞）がそれぞれ何回ずつ登場するかをカウントしてくれます。

## ↳出力結果

```
Counter({'移民': 18, '経済': 14, '幸福': 13, 'こと': 8, '移住': 6, '分野': 5, 'ため': 5, '社会': 5, '文化': 4, '共生': 4, '先': 4, '幸せ': 4, '自分': 3, '家族': 3, '学問': 3, '政策': 3, '開発': 2, … (中略) … 'SDGs': 1, 'エビデンス': 1, '評論': 1, '社': 1, '一読': 1})
```

多いものから順に，移民が 18 回，経済が 14 回，幸福が 13 回使われています。経済の観点から，移民や幸福を論じた文章だと推測できます。

### 5 分析結果の確認②

ここまでは分析結果を数値で見ましたが，図でも示してみましょう。
words のリストにある名詞を結合してから（理由は第 3 節を参照）分析します。

```
w_file = " ".join(words)                                        コード 14-6
w_file
```

## ↳ 出力結果

'以下 マイクロ ソフト 開発 対話 式 AI Web Copilot 移民 経済 幸福 トピック …
(中略) … 外国 共生 ため 実践 ガイドブック SDGs 文化 共生 エビデンス 日本 評
論 社 一読 こと'

　すべての名詞が半角スペース区切りで出力されます。この出力すべて
が1つの長い文字列として変数w_fileに入っているので，これを分析
していきます。

　wordcloudを使うことで図を作成することができます。

```
import matplotlib.pyplot as plt                                 コード 14-7

wordcloud = WordCloud(
    font_path="C:/Windows/Fonts/MSGOTHIC.TTC",
    background_color="white",
    colormap="tab10",
    collocations=False,
    regexp=r"[^ ]+",
)
wordcloud.generate(w_file)

plt.imshow(wordcloud)
plt.axis("off")
```

　Pythonは基本的に半角英数を前提としているので，日本語を扱う場
合はここでも細かく引数を指定する必要があります。font_pathは，日
本語の文字列を画像化するときに必要なフォントのパスです。「メイリ
オ」フォントであれば大抵のWindowsパソコンにインストールされて
いるはずです（C:/Windows/Fonts/MEIRYO.TTC）。ほかにも，HG創英
角ゴシック（C:/Windows/Fonts/HGRSGU.TTC）などのいろいろなフォン

トを指定できます。

　background_colorで背景の色を，colormapで文字の色のパターンを指定できます。これにはspring, autumn, winterなどいろいろあり，図の雰囲気が変わります。興味がある方は，「wordcloud colormap options」などのキーワードで検索して，好きなものを試してみてください。

　collocationsはFalseにしておかないと，同じ単語が何回も図に現れます。たとえば，「移民の……です。移民は……です。移民数は……です。」という文章を例にとります。「移民」は，最初と2番目で2回あるので移民の単語が大きく表示されます。3番目は「移民」と「数」に分かれるのですが，移民数のうちの「移民」は1回なので，移民の単語が小さく表示されます。このため，大きな移民と小さな移民という単語が，それぞれ図に示されることになります。こうした重複を避けるようにしています。

　ここでは半角スペースで区切った単語を分析するため，regexp引数でひと工夫しています（詳しく知りたい方は「正規表現」で検索してみましょう）。何も指定しないと，重要でないことが多い1文字の単語は表示しないようになっていますが，ここでは1文字の単語も表示するようにしました（図の例では「先」）。たとえば，今回の文章には含まれていませんが，「命」のような重要な単語を取りこぼさないようにという配慮です。

　図14-1のような図が出力されます。図では白黒になっていますが，実際にはカラーで出力されます。なお，文字の配置や配色はセルを実行するたびにランダムに変わります。

　移民，経済，幸福のように頻出する名詞は大きな文字で示されます。それ以外にも，移住，共生，社会，幸せ，文化などの名詞もよく使われているのがわかります。

　ワードクラウドは分析結果をわかりやすく伝えるのに役立ちます。コ

図 14-1　コード 14-7 の出力結果

ード 14-5 のように，単語のカウントでもよいのですが，企業のプレゼンテーションや学術研究の発表などでは，視覚的にインパクトのあるワードクラウドも示すことで，数字を羅列するよりもオーディエンスの注目を集めやすくなり，結果的に発表内容を広く知ってもらえるようになります。

　たとえば，選挙対策として人々がどのようことに関心があるかを知りたいとしましょう。これは SNS でつぶやかれた単語の数の多寡で判断できますが，多くの人にとって，移民が 10 万 2876 回，財政が 3760 回といった資料よりも，ワードクラウドを使って単語の大きさで示した方が資料の意図をつかんでもらいやすくなります。さらに，報道があった場合は記事にしやすい，SNS で共有しやすい，といった効果も期待でき，広く情報を拡散してもらえるでしょう。

　同じ情報を違った形で示しているにすぎませんが，伝え方にも工夫がいるわけです。

## 配列と文字列*

　コンピューターは杓子定規なので，体裁を整えないと分析してくれません。

　ここでの体裁とはデータの型のことです。いくつかのデータを並べたリストのような「配列」，文字が並んだ文章のような「文字列」といったものがあります。図（ワードクラウド）で示す場合には，配列ではなく，文字列でないとうまく分析してくれません。

　たとえば，国籍には，日本を含めいろいろありますが，成田空港で日本人は入国してもよいが，それ以外はダメといったイメージです。データが通過して分析してくれるのは入国，通過できなくて分析しないのはダメな場合と言ったらなんとなくわかるでしょうか。

　配列と文字列の違いは，言葉で説明するよりも出力を見るとわかりやすいでしょう。そこで，前節の第3項「リストの作成」で出力したwordsと第5項「分析結果の確認②」にあるw_fileの出力を比べてみましょう。

　wordsのタイプはリスト（list）です。

```
type(words)
```
コード 14-8

### ↳ 出力結果
list

　w_fileのタイプは文字列（str；stringの略）です。

```
type(w_file)
```
コード 14-9

## ↳ 出力結果
```
str
```

w_file（コード 14-6 の出力結果）を見てみると，それぞれの名詞を空白でつないで，文章みたいになっていますが，前述の words の出力（コード 14-4 の出力結果）とは違うのがわかります。

### 練習問題

本文で扱ったワードクラウドの背景の色を黒くし，文字の色を変えてみましょう。

読書案内

## Pythonについて学べる本

コーリー・アルソフ（清水川貴之監訳）[2018]『独学プログラマー――Python言語の基本から仕事のやり方まで』日経BP

　Pythonを学ぶ定番の本です。ここからPythonの学習を始めた人も多いでしょう。表紙に「Python言語の基本から仕事のやり方まで」とあるように，本書ではカバーされていない事柄を含むPythonの大枠を学べます。

森巧尚［2020］『Python 2年生　データ分析のしくみ――体験してわかる！　会話でまなべる！』翔泳社

　カラーのかわいいイラストや吹き出しを使って，とにかく親しみやすいことが特徴です。表紙にある「体験してわかる！　会話でまなべる！」という売り文句は伊達ではありません。

森巧尚［2021］『Python 3年生　機械学習のしくみ――体験してわかる！　会話でまなべる！』翔泳社

　『Python 2年生』の続きで，その親しみやすさに変わりはありません。手書きの郵便番号の判別などに応用できる「画像からの数字予測」といった本書では扱われていないトピックスが含まれています。

いずれも読みやすい本なのですが，社会科学の分野においていろいろな手法をどのように使うかに関してはほとんど記述がないので，本書を合わせて使用されるとPythonの応用に関する理解が深まるでしょう。

## データ分析について学べる本

高橋信（井上いろは作画／トレンド・プロ制作）［2005］『マンガでわかる統計学［回帰分析編］』オーム社

　とっつきにくい統計学を親しみやすくということで，マンガで説明しています。マンガでわかるは他のシリーズもあるので，この本が気に入った方はそれらも読まれるとよいでしょう。

豊田秀樹編著［2008］『データマイニング入門──Rで学ぶ最新データ解析』東京図書

　出版からかなり古くなってしまいましたが，本書で取り上げたもの以外のいろいろなデータマイニングの手法が紹介されています。さっと目を通すだけで参考になります。

康永秀生・笹渕裕介・道端伸明・山名隼人［2018］『できる！　傾向スコア分析　SPSS・Stata・Rを用いた必勝マニュアル』金原出版

　臨床疫学の専門家による本なのですが，傾向スコア分析についてわかりやすく書かれています。前半の「Ⅰ　理論編」はおすすめです。

# 索引

■アルファベット

Anaconda　5, 10
Anaconda Navigator　13
arange　209
as　39
axis　21, 24, 89
barh　138
barplot　142
bins　40
bool　28
columns　22, 88
concat　24, 89
copy　111
corr　58
csv　31
DataFrame　18
describe　165
drop　21, 111, 175
dropna　25
encoding　32
False　24, 28
fit_transform　84
float　28
for　27
FutureWarning　87, 143
head　33, 37, 54, 83
hue　89
iloc　20
import　19, 32
int　28
isnull　24, 133
japanize_matplotlib　41
join　29

Jupyter Notebook　10
KMeans　85, 87
len　19, 37, 54, 133
list　28
loc　21
LogisticRegression　167
matplotlib　77
matplotlib.pyplot　39
mean　37, 38
median　47
mode　48
MSE　→平均二乗誤差
NaN　25, 171
n_clusters　86, 92
n_init　86
None　23
pandas　39
pathlib　182
pip　13
plot　40, 54
print　12, 27, 37, 196
PSM　→傾向スコア・マッチング
pyplot　39
Python　4
RandomForestClassifier　132
RandomForestRegressor　147
random_state　85, 86, 111, 156
range　27, 28
RCT　→ランダム化比較試験
read_csv　32
regplot　71
RMSE　→二乗平均平方根誤差
RuntimeError　219
scatter3D　77

score　75
seaborn　39, 71
shape　133
SIRモデル　9, 192, 196
sklearn　75
split　29
str　28, 224
sum　24, 133
train_test_split　111
True　24, 28
UnicodeDecodeError　32
unstack　171
UserWarning　87
while　219
WordCloud　218
zeros_like　210

## ■あ 行

アクセス　21
因果関係　63, 162
因果推論　162

## ■か 行

回帰式　74
回帰分析　7, 70
過学習　8, 121, 130, 138, 146
関数　18
機械学習　83
疑似乱数　158
教師あり学習　9
教師なし学習　9, 83
共変量　164
クラスタリング　7, 82, 122-126
傾向スコア　163, 166
傾向スコア・マッチング（PSM）　9, 162
傾向線　71

形態素解析　10, 217
欠損値　23, 24, 133
決定木（ディシジョン・ツリー）　7, 9, 106, 113, 122, 126, 130, 138
決定係数　75, 149
コメント　84

## ■さ 行

最短経路問題　9, 180
最適解　204
最適化問題　204
最頻値　48
実行　17
シード　85
四分位数　166
シミュレーション　9, 192
重回帰　70, 77
重心　85
従属変数　167
小数　28
真偽値　28
信頼区間　72
数理モデル　9
正解率　115, 120
生産計画問題　212
整数　28
制約条件　207
セグメンテーション　8, 82
説明変数　167
セル　12
線形回帰　74
線形計画法　10, 204
セントロイド　86
相関関係　63
相関係数　7, 52, 57, 70

■た 行

ダイクストラ法　9, 180
代表値　7
多重共線性　70
単回帰　70, 74
中央値　47
ディシジョン・ツリー　→決定木
ディストリビューション　11
テキストマイニング　216
データフレーム　16
特徴量　133
独立変数　167

■な 行

ナップザック問題　212
二乗平均平方根誤差（RMSE）　149

■は 行

配列　224
パス　32
引数　18
非数　25
ヒストグラム　39, 168
ヒートマップ　61
標準偏差　49
フォント　41, 221
復元抽出　139

分布図　39
分類　7, 82, 106, 115
平均値　37
平均二乗誤差（MSE）　149
変数　16
変数寄与　138, 155

■ま 行

マッチング　9
目的関数　207
目的変数　167
文字列　22, 28, 224
モデル　115

■や・ら・わ行

予測　115, 121, 130
ライブラリ　13
乱数　85
乱数シード　85, 158
ランダム化比較試験（RCT）　176
ランダム・フォレスト　8, 130, 146
離散変数　8, 106
リスト　28
ループ　27, 196
連続変数　8, 106, 146
老年人口指数　46
ロジスティック分析　167
ワードクラウド　10, 216

索引　231

## 著者紹介

**友原 章典**（ともはら・あきのり）

青山学院大学国際政治経済学部教授
早稲田大学政治経済学部卒。ジョンズ・ホプキンス大学大学院Ph.D.（経済学）。米州開発銀行，世界銀行コンサルタントから，ニューヨーク市立大学助教授，UCLA経営大学院エコノミストなどを経て現職。『移民の経済学——雇用，経済成長から治安まで，日本は変わるか』（2020年，中央公論新社），『会社ではネガティブな人を活かしなさい』（2021年，集英社）など。

---

## 文系のための Python データ分析 ——最短で基本をマスター
*Introduction to Data Analysis with Python*

2024年10月30日 初版第1刷発行

| | |
|---|---|
| 著　者 | 友原章典 |
| 発行者 | 江草貞治 |
| 発行所 | 株式会社有斐閣 |
| | 〒101-0051 東京都千代田区神田神保町2-17 |
| | https://www.yuhikaku.co.jp/ |
| 装　丁 | 嶋田典彦（PAPER） |
| 印　刷 | 大日本法令印刷株式会社 |
| 製　本 | 牧製本印刷株式会社 |
| 装丁印刷 | 株式会社亨有堂印刷所 |

落丁・乱丁本はお取替えいたします。定価はカバーに表示してあります。
©2024, Akinori Tomohara
Printed in Japan. ISBN 978-4-641-16636-3

本書のコピー，スキャン，デジタル化等の無断複製は著作権法上での例外を除き禁じられています。本書を代行業者等の第三者に依頼してスキャンやデジタル化することは，たとえ個人や家庭内の利用でも著作権法違反です。

**JCOPY** 本書の無断複写（コピー）は，著作権法上での例外を除き，禁じられています。複写される場合は，そのつど事前に，（一社）出版者著作権管理機構（電話03-5244-5088，FAX 03-5244-5089, e-mail:info@jcopy.or.jp）の許諾を得てください。